建筑科普丛书

中国建筑学会　主编

漫话BIM

李建成　著

U0296210

中国建筑工业出版社

建筑科普丛书

策　　划：仲继寿　顾勇新

策划执行：夏海山　李　东　潘　曦

丛书编委会：

主 任 委 员：修　龙

副主任委员：仲继寿　张百平　顾勇新　咸大庆

编　　　委：（以汉语拼音为序）

　　　　　　陈　慧　李　东　李珺杰　潘　蓉

　　　　　　潘　曦　王　京　夏海山　钟晶晶

总　序

　　建筑学是一门服务社会与人的学科，建筑为人们提供了生活、工作的场所和空间，也构成了人们所认知的环境的重要内容。因此，中国建筑学会一直把推动建筑科普工作、增进社会各界对于建筑的理解与认知作为重要的工作内容和义不容辞的责任与义务。

　　建筑是人类永无休止的行动，它是历史的见证，也是时代的节奏。随着我国社会经济不断增长、城乡建设快速开展，建筑与城市的面貌也在发生日新月异的变化。在这个快速发展的过程中，出现了形形色色的建筑现象，其中既有对过往历史的阐释与思考，也有尖端前沿技术的发展与应用，亦不乏"奇奇怪怪"的"大、洋、怪"建筑。这些现象引起了社会公众的广泛关注，也给建筑科普工作提出了新的要求。

　　建筑服务于全社会，不仅受命于建筑界，更要倾听建筑界以外的声音并做出反应。再没有像建筑这门艺术如此地牵动着每个人的心。建筑，一个民族物质文化和精神文化的集中体现；建筑，一个民族智慧的结晶。

　　建筑和建筑学是什么？我们应该如何认识各种建筑现象？怎样的建筑才是好的建筑？这是本套丛书希望帮助广大读者去思考的问题。一方面，我们需要认识过去，了解我国传统建筑的历史与文化内涵，了解中国建筑的生长环境与根基；另一方面，我们需要面向未来，了解建筑学最新的发展方向与前景。在这样的基础上，我们才能更好地欣赏和解读建筑，建立得体的建筑审美观和赏析评价能力。只有社会大众广泛地关注建筑、理解建筑，我国的建筑业与建筑文化才能真正得到发展和繁荣，才能最终促进美观、宜居、绿色、智慧的人居环境的建设。

本套丛书的第一辑共 6 册，由四位作者撰写。著名的建筑教育家秦佑国教授，以他在清华大学广受欢迎的文化素质核心课程"建筑的文化理解"为基础，撰写了《建筑的文化理解——科学与艺术》《建筑的文化理解——文明的史书》《建筑的文化理解——时代的反映》3 个分册，分别从建筑学的基本概念、建筑历史以及现当代建筑的角度为读者提供了一个认知与理解建筑的体系；建筑数字技术专家李建成教授撰写了《漫话 BIM》，以轻松明快的语言向读者介绍了建筑信息管理这个新生的现象；资深建筑师祁斌撰写的《建筑之美》，以品鉴的角度为读者打开了建筑赏析的多维视野；王召东教授的《乡土建筑》，则展现了我国丰富多元的乡土建筑以及传统文化与营造智慧。本套丛书后续还将有更多分册陆续推出，讨论关于建筑之历史、技术与艺术等各个方面，以飨读者。

总之，这套建筑科普系列丛书以时代为背景，以社会为舞台，以人为主角，以建筑为内容，旨在向社会大众普及建筑历史、文化、技术、艺术的相关知识，介绍建筑学的学科发展动向及其在时代发展中的角色与定位，从而增进社会各界对于建筑的理解和认知，也积极为建筑学学生、青年建筑师以及建筑相关行业从业人士等人群提供专业学习的基础知识，希望能够得到广大读者的喜爱。

前　言

　　当前建筑业 BIM 技术的应用发展迅猛，在提高建筑业的工程质量和劳动生产率、缩短工期以及降低返工率和工程成本等方面显示了巨大的威力。

　　中国建筑学会要组织编写一套介绍建筑领域各方面知识的科普丛书，邀请我撰写有关 BIM 的内容。虽然我一直以来关注 BIM 的发展并对其进行研究，但当我动起笔来写 BIM 的科普读物时，却发现是一件不容易的事。其撰写的角度、用词、所用插图等和以前写专著大不一样，都需要花时间用心去研究。

　　全书共分六章。第一章介绍建筑业存在的问题，并指出这些问题是由于其在处理建筑信息方面失当引起的；第二章回顾了建筑业几千年来对建筑信息应用的发展历程；第三章介绍了制造业是如何应用信息技术来促进行业发展，并与建筑业的落后作一个对比；第四章引入 BIM 的概念，介绍 BIM 技术的特点；第五章介绍 BIM 的起源与发展；第六章介绍 BIM 应用的案例。我希望通过这样的安排，能够循序渐进地把读者引入到主题中去。不知道我对内容这样的安排以及用词遣字，是否适合读者的口味？

　　感谢中国建筑学会副秘书长顾勇新教授一直以来对本书的关心与指导，感谢我的同事张宇峰、刘晖、冯江三位教授给了我很好的建议并提供了参考资料。正是这些帮助使本书得以最终付梓。

由于我缺乏科普读物的写作经验，我衷心希望各位读者在阅读后提出宝贵的意见。

李建成

2017 年 8 月于华南理工大学

目 录

第一章

古老的建筑业怎么啦

当今世界许多变化和趋势都是相互联系结合在一起的，是宏观世界的组成部分。它意味着工业化文明的末日，一个新文明正在兴起。

——阿尔温·托夫勒（《第三次浪潮》）

在世界经济发展大潮的推动下，世界上最古老的行业——建筑业也得到蓬勃的发展，成为不少国家的支柱产业。当前建筑物越建越高的趋势似乎也印证着建筑业的蓬勃发展。自从马来西亚在 1998 年建成高达 452m 的双子星塔以后，该建筑成为当时世界第一高楼。但进入 21 世纪后，这个世界第一高楼的地位就保不住了。目前，在阿联酋迪拜建成的哈利法塔以 828m 高度傲视天下，成为新的世界第一高楼（图 1-1）。再加上数万米长的跨海大桥（图 1-2）、大型水坝、大型交通枢纽的陆续问世，建筑业一时风光无限。

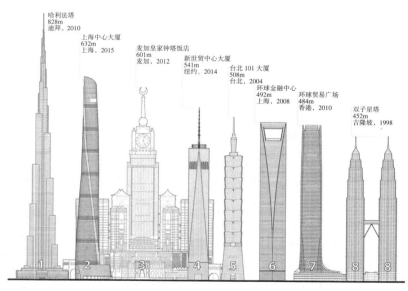

哈利法塔
828m
迪拜，2010

上海中心大厦
632m
上海，2015

麦加皇家钟塔饭店
601m
麦加，2012

新世贸中心大厦
541m
纽约，2014

台北 101 大厦
508m
台北，2004

环球金融中心
492m
上海，2008

环球贸易广场
484m
香港，2010

双子星塔
452m
吉隆坡，1998

图 1-1

世界上著名摩天大楼的高度比较

图 1-2

著名的杭州湾跨海大桥全长 36km

不算不知道，一算吓一跳

可是有谁知道，风光无限的建筑业问题多多，返工、浪费、延误是这个行业中常见的现象；长期以来，生产效率低下，浪费惊人。

早在 2000 年，在纽约出版的《经济学人》杂志刊登的一项研究报告就指出，"在美国，每年花在建筑工程上的 6500 亿美元中有 2000 亿被耗在低效、错误和延误上"①。也就是说，用在建筑工程上的资金竟然有 30% 被浪费掉！同一份研究报告还指出，"建筑工程从一个项目到另一个项目一直在重复着初级的工作，研究指出，事实上多达 80% 的输入都是重复的"。《经济学人》杂志接着在 2002 年在一份报告中披露，37% 的建筑材料在施工加工过程中是被浪费掉的。

对建筑业的批评并不只是来自《经济学人》杂志这一家。请看如下的资料：

① New wiring: Construction and the Internet[J]. The Economist, 2000-01-15.

美国经理人协会在 2005 年对业主进行的一项调查表明，92%
的施工企业认为建筑师给的图是不清楚的；该协会在 2007 年的一
个行业报告指出，30% 的建筑工程项目是不能按期、按预算完成的。

美国 Tocci 施工公司在曾经进行的一项统计发现，38% 的劳
动力是浪费的。

到了 2007 年，美国《国家 BIM 标准》发布。该标准的前言指出，
建筑工程有多达 57％ 的无价值的工作或浪费。这个统计数字相
当惊人，建筑工程一多半的投入被浪费掉了。

真的这么差吗？下面看看两个例子：

香港知专设计学院的故事

香港的知专设计学院是在 2007 年新成立的，学院为新大楼
的建筑设计方案组织了国际的建筑设计竞赛，一个名为"白纸"
的设计作品赢得了竞赛的桂冠。建筑师把联结四座塔楼的空中平
台比喻为"飘在空中的一张纸"（图 1-3）。

这个设计方案获得了很高的评价。但是在学院新大楼落成
后，人们发现了一些设计不当的地方，例如两根结构斜柱子"栽"
在过道的中间（图 1-4），使过往的人员感到很不方便。

香港知专设计学院

图 1-3

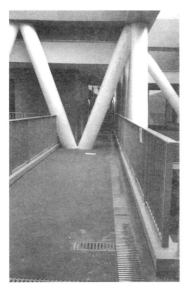

图 1-4

两根斜柱子栽在大楼的过道上

这显然是在设计时没有发现的问题，等到施工时才发现就已经难以改动了。类似的设计问题还不止这一个，但已经到了施工后期，都很难去改正了，因此就只好将错就错。

悉尼歌剧院的故事

耸立在澳大利亚新南威尔士州首府悉尼市贝尼朗岬角上的悉尼歌剧院（图 1-5），其外观造型设计得十分成功。它那些临水而起的巨大的白色屋顶，既像贝壳，又像是海上的白帆，在蓝天、碧海、绿树的映衬下，极富诗意，并充满浪漫的色彩。这座建筑已被作为世界的经典建筑载入史册。2007 年，悉尼歌剧院被联合国教科文组织评为世界文化遗产。

然而，歌剧院的建造过程并非一帆风顺，建造过程跨越了15 年。

1959 年，由于业主（州政府）想赶工期就急于开工，但缺乏足够的准备，结果平台建好后才发现其强度并不能够支撑上部的结构，导致平台需要重建。到了 1963 年进入屋顶"壳"状体结构建造阶段，才发现在当年的条件下建筑师原设计在结构上难以实现。为解决这个问题，当时经过相当艰巨的反复探索，并对建筑设计图纸做了一些修改，才终于找出一种办法来实现建筑师想表达的设计理念，为此又耗费了几年的时间。到了 1967 年进入

图 1-5

悉尼歌剧院

内部的设计和装潢阶段，又发现原先的设计在技术上完全不能达到歌剧院演出方面的要求：舞台上方的空间不够，难以把整个舞台高度的布景吊上去；原设计造成的声学方面问题也很多。再加上大选后新的州政府上台，新业主提出了要求——增加两个新小厅，导致原设计的内部结构被改动了很多。经过 15 年的艰难曲折，悉尼歌剧院终于在几度耽误后，在 1973 年才建成竣工。

　　1957 年筹划悉尼歌剧院时初步计划成本为 700 万美元，最初预计完工日期为 1963 年 1 月 26 日（澳大利亚日）。但实际上，总花费为 10200 万美元，为原计划的 15 倍，工期比原计划延后了 10 年。除了通货膨胀造成物价上升之外，还有以下几方面原因：建筑师知识面有一定的局限；项目各参与方的信息交流不充分；业主的干预等。

为什么会有这样的故事

　　看了这些故事之后，是不是对建筑业的低效、延误、浪费有了一点点初步的了解呢?

　　上面提到建筑师知识面有一定的局限。的确,悉尼歌剧院的"壳"状屋顶如果按照建筑师的原设计是难以在实际工程中实现的,再加上原设计舞台上方空间不够大,在技术上达不到作为歌剧院的要求,这些都反映了建筑师知识面的局限性。如果在设计之初,有不同领域的专业人员共同参与设计,走的弯路也许会少一些。

　　我们通常说建筑师是负责建筑设计的人,主要在技术、经济、功能和造型上实现建筑物的营造。确实,在目前建筑物的规模越来越大、功能要求越来越多的情况下,对建筑师提出的要求也越来越高,当好一个建筑师,要比以前多考虑很多问题。

　　例如,要从设计绿色建筑的角度去考虑建筑设计。绿色建筑,是指在建筑全寿命期内,最大限度地节约资源(节能、节地、节水、节材)、保护环境、减少污染,为人们提供健康、适用和高效的使用空间,与自然和谐共生的建筑(图 1-6)。这里就有很多的问题需要考虑,从而牵涉很多相关的信息需要获取和处理。

　　又如,新型建筑材料在世界上不断涌现,这些材料的性能、施工工艺、效果、建设成本和维护成本究竟如何,就需要建筑师随时留意各种新的建材信息。

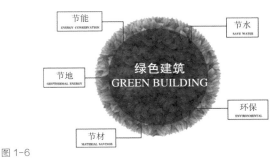

图 1-6

绿色建筑的构成要素

建筑师需要考虑的问题还包括建筑安全、建设成本等很多问题，这里也有很多信息需要获取、需要处理。

现在人们喜欢用"海量"来形容信息量之巨大，如果不借助其他手段，建筑师都不知道要长多"大"个脑袋，才能装得下，并且处理得了这海量的信息。

信息的问题不单是信息量特别巨大，它的类别、形式、格式也相当复杂（图 1-7）。各种信息包括：调查报告、分析结果、技术图纸、合同、订单、信息请求书、施工进度表……这些信息的形式又不尽相同，有文本、表格、照片、录像、实体模型等；有的是纸质文件，有的是电子文件，还有的是保存在胶卷中的图像。即使是同为电子文件，也有多种多样的格式，例如图像文件格式，就有 bmp、tif、jpg、pic、tga、png、eps、pcx 等数十种。进行信息处理时，如何储存、处理这些不同类别、形式、格式的信息，都是不容易处理好的大问题。

更为可怕的是，在建筑业内各个部门之间的资源和信息缺乏

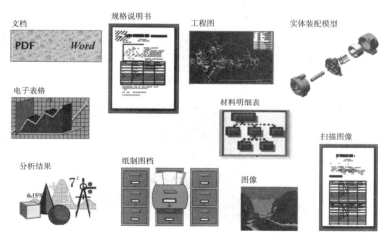

图 1-7

建筑业中的信息种类多样化

综合的、系统的整合和利用，缺乏综合处理信息的平台，造成信息传递失真、信息共享与沟通困难，由此造成的"信息孤岛"（图1-8）无法为建筑企业在瞬息万变的市场竞争中迅速作出正确决策提供帮助，因而也就无法提高整个企业的信息处理能力和经营管理水平。虽然已经实现了"个人有电脑，科室通网络"，但是对企业经营管理水平的提高并没有达到预想中的效果。

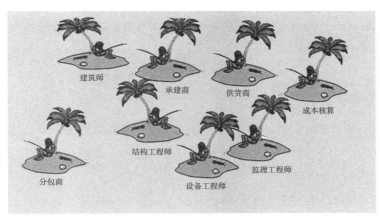

图 1-8

建筑业中的"信息孤岛"

使用落后的手段处理建筑信息

现在已经有越来越多的事实表明，造成建筑业低效的众多原因中，最重要的原因之一就是进行信息处理的手段落后。

信息处理手段落后的表现之一，就是建筑工程中很多项目的管理过程都是靠手工操作来进行。事实上，建筑工程中一直都在重复进行着非常初级的工作，在项目各个工序要输入的信息中，有不少都是前面工序曾经输入过的，例如设计人员已经在设计图纸中输入了墙体的厚度，但到了后面的做预算阶段、编制施工规划阶段，又会把墙厚重新输入一次。难怪本章一开头提到的研究指出，事实上多达 80% 的输入都是重复的。这些重复输入除了增加了工作量，给建设工程项目带来了不菲的开支之外，还很容易产生由于某一个工序的输入错误而埋下生产事故或质量事故的祸根，有可能导致工程返工、成本增加、工期延误。

信息处理手段落后的第二点表现就是信息交换手段落后。一个建筑工程项目，从前期策划、设计到施工，牵涉的工序很多，参加到项目中的组织、机构也很多，在工程项目中需要共享、交换的信息量非常大，信息的时效性、准确性要求也很高。但长期以来，由于处在"信息孤岛"的状态，信息交换的方式都很落后，例如发个通知，都是依靠电话、传真、邮递等方式逐一对相关机构、人员进行通知（图 1-9），这种点对点的传统信息传递方式，通信效率比较低，通知过程出现纰漏甚至错误的现象时有发生，导致信息缺失或信息失真。

依旧采用纸质文件作为信息的表达是信息处理手段落后的第三点表现。纸质文件以一定的格式将文字、图形等信息附着于纸质载体，信息的稳定性强，不易损坏，易于保存其原始性和真实性，保存寿命长。建筑业使用的纸质文件非常多，有调研报告、设计任务书、图纸、工程合同、信息请求书、施工进度表等，而且对纸质文件的存在和使用有着历史的传统和使用习惯，特别是建筑业的许多规章制度都是围绕着纸质文件来制定的。但是纸质文件信息存

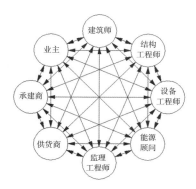

图 1-9

点对点的信息交换方式

储量小，共享性差，远距离传播速度慢，需要庞大的保管场所，查找起来非常麻烦（图 1-10）。每当计算机上按比例画好房子的效果图打印出来后，在这种从电子媒介转换成纸质媒介的过程中，丢失了很多原来在电子媒介上存在的信息，例如在纸质效果图上再也查找不到尺寸信息了。这正好说明了纸质文件信息存储量小，共享性差。纸质文件的这些现状十分不适应建筑业信息化的发展。

纸质文件的整理、查找都很不方便

图 1-10

　　由于信息处理方式手段落后，在整个建设工程项目周期中，项目的信息量本来应当如同图 1-11 上面那条曲线一样随着时间不断增长，但实际上，在目前的建设工程中，项目各个阶段的信息并不能很好地衔接，使得信息量的增长呈现图 1-11 下面那条曲线，在不同阶段的衔接处出现了断点，出现了信息丢失的现象。由于现在用计算机进行建筑设计时，最后成果的提交形式都是打印好的图纸，作为设计信息流向的下游，例如在概预算、施工等阶段，就无法从上游获取在设计阶段已经输入到电子媒体上的信息，还需要人工阅读图纸并重新把数据输入到计算机中才能应用软件进行概预算、组织施工，信息在这里明显丢失了。

　　参与工程建设各方之间一直以来都是用纸张作为储存信息、表达信息、传递信息的主要媒介。可是，随着信息技术的应用，

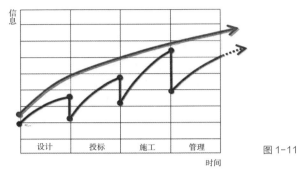

图 1-11

建筑工程中的信息回流

在设计和施工过程中，都会在电子媒体上产生更为丰富的信息。虽然这些信息是借助于信息技术产生的，但由于它仍然是通过纸张来传递，因此当信息从电子媒体转换为纸质媒体时，许多数字化的信息就丢失了。

造成这种信息丢失现象的原因有很多，其中一个重要原因，就是在建设工程项目中没有建立起科学的、能够支持建设工程全生命周期的建筑信息管理环境。

信息技术应用落后导致建筑业劳动生产率低下

2004 年，美国商务部和劳工统计局发布了一项研究报告，其研究发现，在 1964 ~ 2003 年这 40 年间，美国非农业行业的劳动生产率增长了一倍多，而唯独美国建筑业同期的劳动生产率不升反降，越来越低（图 1-12）。

这 40 年间，正好是信息技术从起步到迅速发展的时期，美国非农业行业利用信息技术的发展成果促进了本行业的进步，而建筑业却没有能够与时俱进，依然采用传统的信息管理方法来建设越来越大的项目，因而显得力不从心，效率每况愈下。

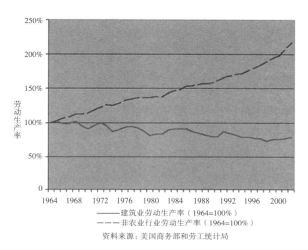

图 1-12

建筑业劳动生产率（1964=100%）
非农业行业劳动生产率（1964=100%）
资料来源：美国商务部和劳工统计局

1964～2003 年间美国非农业行业与建筑业的劳动生产率的比较

无独有偶，英国和德国也有类似的统计资料，在 1995～2014 年间，这两个国家建筑业的劳动生产率赶不上总体经济的发展步伐（图 1-13）。

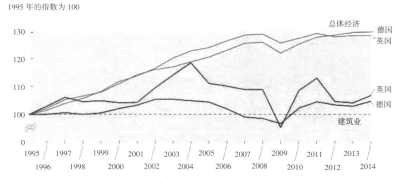

图 1-13

1995～2014 年间英国和德国建筑业的劳动生产率和总体经济发展的比较

由于在信息技术应用上落后，建筑业发展到今天已经有点跟不上时代的脚步了。

第二章

建筑信息应用的发展

信息与通信技术已广泛影响日常生活环境，信息与通信技术可以如同设计元素应用到设计过程和建筑物理中，这些技术提供人与空间互动和通信的机会。

　　——施尔克·贝里克·兰（《三维视频在建筑应用上的挑战与潜力》）

　　第一章说到建筑信息的重要性，现在就来看看建筑业这个历史悠久的行业在几千年的发展过程中，建筑信息的记载、应用是怎样从无到有发展过来的。

在古代建筑信息的记录和表达

　　在古代，当时的建筑活动主要是通过工匠来进行，还谈不上建筑信息的记录、表达和应用。现在通过考古发现，我国最早的房屋建筑产生于距今约六七千年前的新石器时代。当时的房屋主要有两种：一种是以陕西省西安半坡遗址为代表的北方建筑模式——半地穴式房屋和地面房屋（图 2-1）；另一种是以浙江省余姚河姆渡遗址为代表的长江流域及以南地区的建筑模式——干栏式建筑（图 2-2）。而在国外的建筑考古研究中，已经在法国发现世界上最古老的建筑物——Barnenez，它建于4800 年前（图 2-3）。

图 2-1

陕西省西安半坡遗址内半地穴式房屋复原图

图2-2

浙江余姚河姆渡遗址内的干栏式建筑复原图

图2-3

法国的 Barnenez 是全球最古老的建筑物

　　图形表达是建筑信息表达的主要形式。图 2-4 就是著名的云南省沧源岩画中一幅岩画的局部，距今已有 3000 多年。画中展现了一个村落的景象，用一条椭圆形的曲线表示村落界线，村内的建筑是干栏式建筑，均用立面形象，房屋屋顶均朝向椭圆的中心，呈向心式构图。

图 2-4

云南沧源岩画局部展示了村落的景象

　　在埃及，在对阿玛尔纳古城的考古发掘中，也发现在阿玛尔纳时期（公元前 1375 年～公元前 1350 年）的墓室中存在画有建筑立面和平面形象的壁画。

　　我国云南省沧源岩画和埃及阿玛尔纳古城墓室上的壁画，也许是现在能找到的最早的建筑信息，记录了已建成建筑的信息。

　　随着人类的进步，人类聚居程度达到一定的水平之后，出现了原始的村落，对建筑的营造需求日益增长，对技术的要求也不断提高，于是人们开始运用绘制建筑平面图的形式规划自己的生活空间。在各国的考古中，陆续发现了专门用刻有制图工具和比例尺的石制工具刻画平面图的石板（图 2-5），刻画在黏土泥板

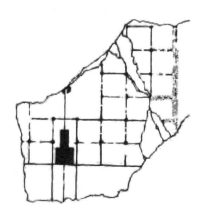

公元前 2100 年前后完成的古埃及 El-Deir el-babari 的绿化平面图，刻在一块石板上

图 2-5

上的建筑平面图，甚至还有按比例制作的铜板的建筑平面图（图
2-6）。人们对建筑信息已经从记录逐步发展到应用。

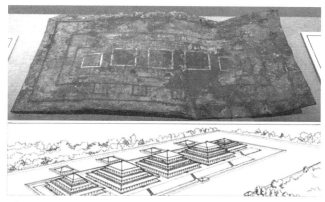

图2-6
在河北省平山县的战国时期中山国王陵中发现的错金银铜
版兆域图（上）以及建筑复原示意图（下）

　　非常难得的是，这些图都已经使用了比例尺，严格按照比例
绘制，这就大大提高了所反映建筑信息的科学性和可用性。

　　自秦汉时期起，我国已出现图样的史料记载，并能根据图样
建筑宫室。在古希腊和古罗马时期，建筑制图也非常发达，还创
造了一些制图新方法，如"布景法""明暗对比法"等建筑信息
表达的新尝试，推动了建筑信息的记录与应用的发展。

　　到了我国宋代，出现了一本伟大的建筑巨著《营造法式》（图
2-7）。该书共 36 卷，总结了我国历史上的建筑技术成就，其中
有 6 卷是图样，包括规定各工种做法的平面图、断面图、构件详
图及各种雕饰图案（图2-8、图2-9）。该书举世闻名，书里数百
张图表达了复杂的建筑结构，这在当时世界上也是极为先进的。
该书说明了建筑信息的表达、记录、整理、分类都达到一个新的
高度。

图 2-7

《营造法式》石印本

图 2-8

《营造法式》插图——望柱

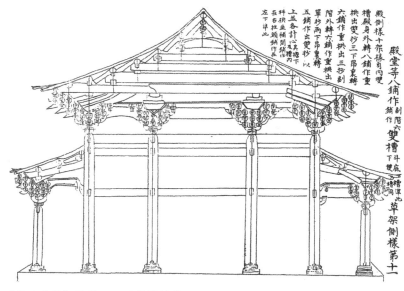

图2-9

《营造法式》插图——殿堂等铺作

画法几何使建筑信息表达有了科学的理论基础

在 18 世纪欧洲的工业革命中，科学技术得到了迅速发展。法国数学家加斯帕尔·蒙日（Gaspard Monge）在参与军队防御工事设计时，对前人的建筑制图做法进行了归纳总结，研究了如何用平面图形来表示空间形体的规律，提出用多面正投影图表达空间形体，从而创建了画法几何学，奠定了图学理论的基础（图 2-10）。由于当时画法几何是作为军事技术秘密，被保守了 15 年之久，外界一直未知晓，到 1794 年蒙日才得到允许在巴黎师范学院将其公诸于世。

此后，各国学者又在投影变换、轴测图以及其他方面不断提出新的理论和方法，使这门学科日趋完善，成为研究怎样在平

创建画法几何学的法国
数学家加斯帕尔·蒙日

图 2-10

面上用图形表示空间形体和解决空间几何问题的理论和方法的学科。从此，工程图的表达与绘制实现了规范化，三视图成为表达工程图形信息的国际性语言。

　　三视图，就是观测者从一个空间物体的正前方、左方、上方三个不同角度观察同一个空间几何体而画出的三个图形的组合。在观察时，将观察者的视线规定为平行投影线，然后正对着物体看过去，将所见物体的轮廓用正投影法绘制出来，这样的图形就称为视图。从物体的正前方向后方投影所得的视图称为主视图（正视图），从物体的上方向下方投影所得的视图称为俯视图，从物体的左方向右方投射所得的视图称为左视图（侧视图）。主视图、俯视图和左视图的总称就是三视图（图 2-11）。

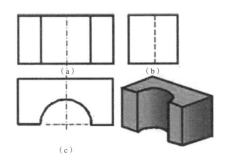

（a）

（b）

（c）

用三视图来表达一个几何体
（a）正视图；（b）左视图；（c）俯视图　　图 2-11

一个视图只能反映物体的一个方位的形状，是个局部，并不能完整反映物体的形状。三视图是从三个相互垂直的方向对同一个物体进行投射的结果，必要时还要增加一些剖面图、半剖面图等做为辅助，这样才能基本上完整地表达物体的结构。从此，三视图就成了建筑信息的主要表达方式。当然，建筑工程有其特殊性，在表达建筑物时，由于建筑物是分层的，除了俯视图（屋顶平面图）外，还需要若干个分层的平面图。对某些特殊的地方如楼梯间，还需要专门的剖视图来表达。尽管建筑工程有其特殊性，但其各种视图的原理都是基于画法几何的。

因此，画法几何学的诞生，使建筑信息记录、表达、应用有了科学的理论基础。现在的建筑图纸，都是根据画法几何的理论画出来的。从蒙日定义画法几何至今 200 多年来，画法几何没有大的变化，仅在绘图工具方面不断有改进。这种情况一直延续到20 世纪中叶电子计算机的出现。

建筑信息技术诞生并得到越来越广泛的应用

1939 ~ 1942 年，世界上第一台数字电子计算机——Antanasoff-Berry Computer（ABC）在美国艾奥瓦州立大学物理系大楼的地下室中诞生，它的创造者约翰·阿塔纳索夫（John Atanasoff）和克利福德·贝里（Clifford Berry）被称为电子计算机之父。由于太平洋战争爆发，美国成了"二战"参战国，两人都投身到有关战争的科研工作中。由于 ABC 并没有真正完成，还有一些问题需要解决，因此，ABC 的科研成果一直不被世人所知，该发明被湮没在战备工作中。

美国宾夕法尼亚大学约翰·毛奇里（John Mauchly）博士在

认真研究了阿塔纳索夫研发计算机的方案后，和他的学生普雷斯佩尔·埃克特（J. Presper Eckert）共同研制的 ENIAC 计算机（图 2-12）在 1946 年 2 月在美国宾西法尼亚大学诞生。ENIAC 是 Electronic Numerical Integrator and Computer 的缩写，它体积庞大，共使用了 18800 个电子管，重达 30t。[①]

图 2-12

ENIAC 计算机占地 1500ft^2

　　最初的计算机是应用在军事方面。随着晶体管应用到计算机后，计算机的体积大大缩小，其他行业也陆续在探索如何应用计算机，建筑业也不例外。建筑业应用的起点，应当追溯到 1958 年，当时美国埃勒布建筑师联合事务所（Ellerbe Associates）装置了一台 Bendix G-15 电子计算机（图 2-13 左），进行了将电子计算机运用于建筑设计的首次尝试，成为建筑业应用信息技术的起点。

---

① 　ENIAC 一直被人们误认为是第一台数字电子计算机而获得绝大多数的荣誉，并首先获得数字计算设备的专利。但在 1973 年 10 月，美国的法院判处 ENIAC 的专利无效，并确认 ENIAC 的研制来源于约翰·阿塔纳索夫在开发 Atanasoff-Berry Computer（ABC）计算机过程的研究，而阿塔纳索夫才是第一个电子计算机方案的提出者。经过澄清获得公认的事实是，ABC 计算机才是真正的第一台数字电子计算机。1990 年，布什总统授予阿塔纳索夫国家自然科学奖。详情可参见：http://www.cs.iastate.edu/jva/jva-archive.shtml。

　　1962 年美国麻省理工学院的伊万·萨瑟兰（Ivan Sutherland）
博士发表的 Sketchpad 系统，被公认是计算机图形学方面的开创
性工作（图 2-13 右）。该系统实现了用光笔在屏幕上作图，并可
以控制图形在屏幕上的放大缩小，首开交互式图形系统之先河，
为计算机辅助设计（Computer-Aided Design，简称 CAD），也包
括计算机辅助建筑设计（Computer-Aided Architectural Design，简
称 CAAD）展示了美好的前景。1965 年，萨瑟兰博士开始从事虚
拟现实的研究。

图 2-13

左：Bendix G-15 电子计算机；右：伊万·萨瑟兰博士在应用他的 Sketchpad 系统

　　在 20 世纪 60 年代出现的 CAAD 系统是 Coplanner 系统，是
建筑界中出现最早的 CAAD 系统，主要用于估算医院的交通问题，
以改进医院的平面布局。这个系统向人们展示了已经可以用计算
机处理建筑设计中的相关信息了。

　　到了 20 世纪 70 年代初期，PDP-11（图 2-14）、PDP-15/20
等 16 位计算机问世并风行一时，CAD 系统也配备了绘图仪、数
字化仪等外围设备，相应的软件也有了较大的进步。

　　这时，第一个可供市场出售的 CAAD 系统——ARK-2 在美
国波士顿诞生了，它可以进行建筑方面的可行性研究以及规划、
平面布局设计，建筑平面图、施工图设计，技术规范说明的编制

图 2-14

PDP-11 计算机系统

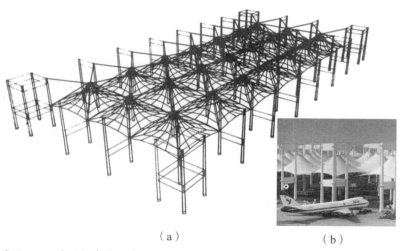

（a）　　　　　　　　　　　　　　　　　　　　（b）　　　　图 2-15

美国 SOM 建筑师事务所在 20 世纪 70 年代用计算机三维线框图绘制的吉达
航空港候机厅

（a）计算机绘制三维线框图；（b）建成后的实景图

等工作，其处理建筑信息的能力显然比起上述的 Coplanner 系统
强大得多。美国著名的 SOM 建筑师联合事务所采用 CAAD 系统
设计沙特阿拉伯吉达航空港和其他地方的一些高层建筑获得了成
功（图 2-15）。建筑信息技术在实际应用中不断获得新的发展。

随着微型计算机和图形工作站被人们相继采用，更多的计算机工作由大型机转移到工作站甚至微机上。20 世纪 80 年代是建筑师真正开始使用计算机进行设计和 CAAD 系统获得广泛发展的年代。在这个年代，对建筑的功能要求越来越多，建筑的规模越来越大，建筑新技术和建筑新材料大量被采用，建筑法规在不断完善，经济在持续发展，建筑设计中要处理的信息量大量增加，此时建筑师们已认识到，必须依靠 CAAD 系统这一先进工具以提升建筑信息的处理能力，从而提高创作的效率和设计作品的质量，达到提高竞争力的目标。

除了建筑设计外，结构设计、设备（包括水、电、暖通、管道等）设计的 CAD 技术也得到了长足的发展，有限元分析、高层结构分析、钢结构设计与加工等 CAD 技术已经得到普及，并大量应用在各级的设计机构中。

在 20 世纪 80 年代出现了 AutoCAD、MicroStation 等一批商业化的 CAD 软件，经过多年的发展，目前已经占有很大的市场份额，成为建筑企业处理建筑信息的主流软件。

在进入 20 世纪 90 年代后，计算机应用已经渗透到各行各业之中，计算机知识应用空前广泛。在这样的形势下，CAD 技术得到了空前的发展和广泛的应用，成为建筑设计企业市场竞争的强力手段。用计算机出建筑设计图已非常普遍，建筑设计的表现手段呈现多样化，包括照片级的渲染效果图（图 2-16）、多媒体动画、虚拟现实等。但不可否认的是，发展到此时的 CAD 技术只是解决了绘图问题，建筑设计、建筑施工等还有很多问题尚未解决。

到了 20 世纪 90 年代，在软件开发领域中出现了面向对象方法，给计算机软件的开发带来了新的面貌。一些采用面向对象方法开发的建筑设计软件，如 ADT、天正建筑（图 2-17）等也进入

图 2-16

建筑设计渲染效果图的精细程度达到了照片级别

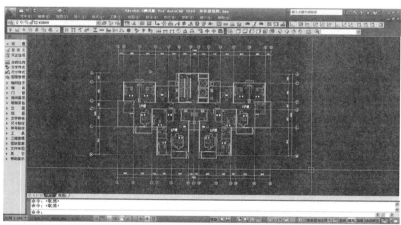

图 2-17

天正建筑的界面

了建筑工程的软件市场。

　　面向对象方法是一种程序设计的新方法，该方法可以把墙体、梁、柱、门、窗、楼梯等建筑构件看作对象，而这些对象，具备了记录数据和行为方法的数据结构。相对于采用传统的 CAD 软件一条线、一段圆弧这样低效率地画图的方式，采用面向对象方法开发的建筑设计软件显然更适合建筑师的思维方式。建筑师直接就可以用墙体对象、门对象、楼梯对象这些建筑构件对象来画图，思维更加直接，效率大为提高。而且，软件中的建筑构件本身还可以包含材质等参数。

虚拟现实技术在建筑信息表达上的应用

虚拟现实（Virtual Reality，简称VR）是由计算机软硬件所构成的人工的多维信息环境，是一种可以创建和体验虚拟世界的计算机系统。

现在很多人都玩过多种网络游戏，近来VR游戏很风行，玩家戴着VR眼镜玩得很投入。这里的VR游戏就是虚拟现实游戏。

虚拟现实是一个虚拟的仿真环境，在这个环境中能有效地模拟人在真实环境中的视觉、听觉、触觉和动感等感觉和行为，用户可以在这个计算机仿真环境中自主地漫游，有一种身临其境的沉浸感。比如，计算机虚拟的信息环境是一座楼房，内有各种设备、家具，用户会如同身在其中，通过各种传感装置在楼房内行走查看，可以开门、关门、搬动物品，对房屋设计上不满意的地方，还可进行更改。

虚拟现实不同于表现建筑设计效果的多媒体动画。在制作动画时，人的参观路线、观察角度就已经设置好了；而在虚拟现实环境中，人的参观路线、观察角度是随意的、实时的。因此，虚拟现实技术对人们的生活、认识和实践方式都将会产生深刻的影响。

虚拟现实的溯源，应当始于计算机图形学的创始人伊万·萨瑟兰博士1965年开始从事的三维头盔显示器研制，他认为头盔显示器是图像显示的理想方式（图2-18）。

其实，虚拟现实系统有分不同的档次，大致可以分成初级虚

伊万·萨瑟兰
博士戴着头盔
显示器进行虚
拟现实研究

图 2-18

图 2-19

三维鼠标

拟现实系统、基本级虚拟现实系统、沉浸型虚拟现实系统等类型。

　　初级虚拟现实系统就是以个人计算机为平台的虚拟现实系统，在硬件的配置上使用了鼠标器、游戏杆等二维输入设备，并不需要头盔显示器。

　　基本级虚拟现实系统的硬件配置比初级的配置要高得多，该系统一般配置了快速的三维图形加速卡、立体声卡的图形工作站控制，并配有位置跟踪器、多维（三维或六维）鼠标器（图 2-19）以及立体眼镜等。

　　沉浸式虚拟现实系统是在图形工作站和服务器控制下的一个强大系统，它包括一些能够产生沉浸感的输出设备，如大型投影式显示器、头盔显示器、立体耳机等，以及能测定视线方向和手指动作的输入装置，例如头部方位探测器、数据手套等，还包括

图2-20

戴着头盔显示器和数据手套的虚拟现实系统用户

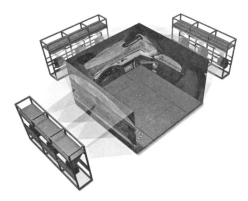

图2-21 CAVE 系统

可以增加触觉、力感和接触反馈等交互式设备（图 2-20）。

CAVE（Computer Automatic Virtual Environment）系统是一种沉浸型虚拟现实系统，它是一种基于在环绕屏幕上投影的自动虚拟环境。它由围绕着观察者的多个投影面组成一个虚拟空间，人置身于其中并能通过控制设备模拟人在虚拟空间中的来回走动，使人可以从不同角度观察投影屏幕上的图像（图 2-21）。由于 CAVE 系统可以产生大角度视野，生成高分辨率的真彩图像，并允许多人同时完全沉浸在同样的虚拟环境中，特别是配合 VR

互动设备使用时，它能够创造出无与伦比的沉浸效果（图 2-22）。

　　虚拟现实技术为建筑信息的表达提供了一种更为直接的方式，在建筑业的应用范围很广，在城市规划、建筑设计、历史建筑的研究和保护、建筑施工等方面都有着广泛的应用。

　　在城市规划中，可以应用虚拟现实技术展示城市规划的成果；可以实现城市设计信息的实时编辑；可为公众参与规划和辅助决策提供协作平台（图 2-23）。

图 2-22

多人戴上 VR 眼镜同时在 CAVE 环境中进行观察、分析

图 2-23

虚拟现实技术对政府城市规划工作发挥了十分重要的作用

建筑师可以用虚拟现实技术展示设计（包括室外和室内）的先期成果，发现设计的存在问题，然后让建筑师在身临其境的仿真环境中通过交互方式改善室外和室内的设计，实现对建筑各个尺度的实时控制。还可以应用虚拟现实技术进行多个设计方案的比较。如果用虚拟现实技术开发预装修系统，可以实现即时、动态更改墙壁的颜色、更换不同的木地板或瓷砖等，还可以移动家具位置、更换不同的装饰物。

古建筑的研究人员可以借助虚拟现实技术在任何时候从任意角度对古建筑进行观察和研究，克服了以往对古建筑开展现场研究的种种不便（图2-24）。

虚拟现实技术还可用于模拟建筑施工的整个过程，确定最优的施工方案及施工方法，发现施工中可能出现的质量问题和安全隐患，促进快速优质施工。

20世纪末，仿真度较高的虚拟现实系统的软硬件还是相当昂贵。但近年来随着硬件性能不断提升、价格不断下降，软件技术

图2-24

研究人员在 CAVE 系统中应用虚拟现实技术对古建筑进行研究

的进步，虚拟现实系统正越来越广泛地应用在多个方面。

近年来，在虚拟现实基础上又发展起来一项新技术——增强现实（Augmented Reality，简称 AR）技术，增强现实是把计算机产生的虚拟物体或其他信息合成到用户看到的真实世界中的一种技术，是一种将真实世界信息和虚拟世界信息"无缝"集成的新技术（图 2-25）。

图 2-25

增强现实技术使人们可以将虚拟模型放到现实世界中观察和研究

增强现实技术具有三个突出的特点：①真实世界和虚拟世界的信息集成；②具有实时交互性；③是在三维尺度空间中增添定位虚拟物体。该技术可广泛应用到军事、医疗、建筑、教育、娱乐等领域。

为了满足虚拟现实和增强现实相结合，亟须新的显示设备问世。2012 年谷歌发布的谷歌眼镜，2015 年微软发布的 HoloLens 全息眼镜，都属于探索过程中的实验性产品（图 2-26）。我们期待能很好地将虚拟现实和增强现实结合在一起的显示产品早日问世。

　　虚拟现实和增强现实技术，使我们能用动态的可视化方式处理建筑信息，肯定会成为处理建筑信息的重要手段。

　　纵看建筑业几千年的发展史，建筑信息的记录、分析、应用等手段随着世界科学技术的发展，也得到了长足的进步，现在已经发展到应用计算机辅助建筑设计、虚拟现实等建筑数字技术的新阶段。

　　但由于建筑业中不少人还墨守传统的工作方式和惯例，用传统的管理模式来管理建设工程项目，使得项目中效率低下和浪费现象相当普遍。造成这些现象的原因是多方面的，其中一个重要原因，就是在建设工程项目中没有建立起科学的、能够支持建设工程全生命周期的建筑信息管理环境。

　　其他行业是怎样的呢？

图 2-26

左：谷歌眼镜；右：HoloLens 全息眼镜

第三章

制造业怎么这么牛

他山之石，可以攻玉。

——《诗经·小雅·鹤鸣》

　　制造业在利用信息技术方面要比建筑业好得多，促进了行业的快速发展。

采用无纸化设计制造出来的波音 777 飞机

　　由美国波音公司制造的波音 777 是一款中远程双引擎宽体客机，是目前全球最大的双引擎宽体客机，载客量最多可载 368 人，最大起飞重量可达到 350t，最大飞行速度为 900km/h。最大满载航程可达 17500km。1990 年 10 月 29 日正式启动研制计划，1994 年 6 月 12 日第 1 架波音 777 首次试飞（图 3-1）。

图 3-1

波音 777 喷气式客机

　　波音 777 这么一个庞然大物竟是世界上首次完全应用 CAD 和 CAM（Computer Aided Manufacturing，计算机辅助制造）技术进行无纸化设计 / 制造出来的飞机。

　　像波音 777 这样的超大型客机，它有 300 多万件、132500 多种不同的零件,加工图纸多如牛毛。有人曾估算过,波音 777 飞机全部图纸如果都打印出来,其重量也许和飞机的重量差不多。因此,设计中出任何差错,纠正起来都是很费劲的。

波音公司是世界上最早将计算机应用到其产品设计与制造的公司之一。他们应用计算机对多年来积累的大量数据进行统计分析后发现,在整个飞机设计制造的过程中,导致了飞机成本急剧增加和生产周期延长的主要原因是设计变更、错误引起的制造过程的返工问题。虽然二维 CAD 减轻了手工设计和绘图的工作量,应用了数控加工也实现了机械加工自动化,确实提高了加工精度和劳动生产率,但二维 CAD 和数控加工并未能减少设计变更、错误,减少返工问题,更不能解决设计中的关键问题,因此仍需花费昂贵的代价制造全尺寸的样机来检查设计是否存在问题。该如何解决由此引起的成本的增大以及相应的浪费呢?

为了解决以上问题,波音公司决定在波音 777 飞机的研发过程中,要对原有的技术方法和劳动组织进行改革:在技术方法上摈弃原来使用的二维 CAD 软件,全面采用 CAD / CAM 技术,使用法国达索公司的 CATIA 软件对波音 777 飞机的所有零部件进行三维设计(图 3-2),并在计算机上进行数字化预装配,建立起飞机的计算机模型(图 3-3);在劳动组织方面则组织了 238 个综合设计小组,开展并行工程工作。为实现以上改革的目标,波音公司配置了 2200 台运行 CATIA 软件的 IBM Risc600 工作站,并与 8 台主机联网,组成 8 个工作群,总共有 3×10^{12} 字节的数据存储量,使各个综合设计组能在并行工程环境中协同工作。

三维设计就是对零件、部件、整机等所设计对象都在计算机上进行三维数字化定义,包括零件的三维建模及数字化预装配,以检查零件之间的配合是否协调。采用三维设计后,为可

图3-2

法国达索公司的 CATIA 软件在航天航空、汽车制造、造船等领域有着广泛的应用

图3-3

用 CATIA 软件设计飞机

视化设计的实现创造了条件，使设计和制造人员可以直观地理解零件构造。

　　三维设计能够方便地从三维实体模型中提取零件的几何数据和关键点的坐标数据，可以很方便地为使用数控机床加工零件进行编程。三维数字化预装配是在计算机上进行零件装配的过程，

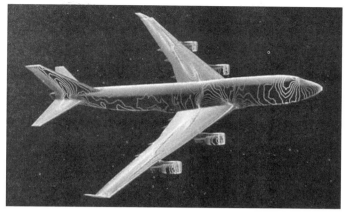

图 3-4

在计算机上可以对喷气式客机模型进行所受空气压力的模拟分析

注：图中飞机不是波音 777

可以利用关系数据库检查零件装配的协调情况。三维设计还为在计算机上进行各种应力分析、重量平衡计算，以及模拟飞行过程中的空气动力学分析等创造了条件（图 3-4）。

数字化预装配的成功有赖于零件的数字化模型实现了彼此共享，使其精度达到了前所未有的水平，还可以把不正确的配合或装配等现象消除在设计完成之前，降低由于设计更改、工程错误和返工等问题导致的成本上升，也缩短了产品的开发周期。

数字化预装配还用于结构和系统布局、管路安装、导线走向等设计集成方面，用于检查管路和零部件有没有发生碰撞，是否便于安装和拆卸。数字化设计的结果要使装配工作变得像砌积木一样方便。

由于全面应用了三维建模技术，十分有利于对飞机整体性能的分析与改进，从而导致了它的空气动力学性能、机舱设计、整机重量、引擎性能都得到了较好的改进（图 3-5）。

上述技术的应用，不但保证了在很短时间内研制出世界上最

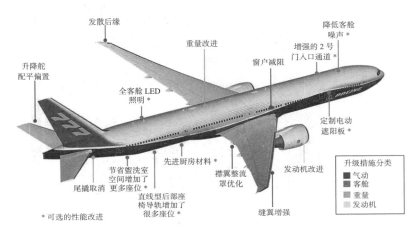

图 3-5

波音 777 喷气式客机的性能比起传统的客机得到全面的改进

先进的大型飞机，还使设计更改和返工率大幅减少，装配时出现的问题也大幅度减少，飞机的精度、质量都有了显著的提高。波音 777 执行副总裁 Dale Hougardy 说："在非适应性方面，比过去的项目减少了 50% ~ 80%。"

　　然而，应用先进的计算机技术的真正挑战来自于传统的观念、习惯以及劳动组织方面的变革。为了保证上述设计方法能够用于实践，一个配套性的措施在波音公司设计团队中同时实施，就是把原来有序进行的设计方法变成并行式的设计方法。这种并行方法的做法是：对产品设计及相关的制造过程、支持过程并行。这是一种系统化的工作模式，要求开发者从一开始就考虑到产品生命周期中所有因素，包括质量、成本、周期与用户要求。

　　为此，公司对设计团队进行大改组，正如前面所说，把设计、制造、材料供应等部门有关人员混编组成了 238 个综合设计制造一体化小组，包括用户代表也参与到综合设计组，每一个设计组负责飞机的一个部件或一个系统。这种模式打破了以往分专业、各部门单独工作的流水线模式，克服了以往分工过细、条块分割的现象，强调公司各部门相互密切合作，充分发挥人的潜力、智慧，激发其积极性和创造性。例如，在飞机的初步设计阶段，参加综合设计组的美国联合航空公司代表就指出：波音777的加油位置比波音747的高出31英寸，这样不仅标准加油车达不到那个高度，而且需要身高2.44m的机械师才能操作（图3-6）。全日航空公司代表发现另一个与加油有关的问题，即加油车在给飞机加油时可能会碰坏发动机整流罩。由于实施了并行工程，设计组及时修改了设计。

由于波音公司认真听取了用户的意见，导致了研制过程中作了1000多个修改。更改范围涉及：长的复合材料的尾翼前缘；高温和狭小部位修理工作的简化；使机组和维修人员在寒冬戴上手套就能容易打开进行检查的补充附件板处的按钮；等等。

图3-6

飞机加油位置的提高就需要身高更高的机械师才能将输油管插入加油孔中

到了制造阶段，将综合设计小组重组为制造一体化小组，小组每天都碰头，及时解决制造中发生的问题，并进行工艺改进。再加上 CAD / CAM 系统的使用，许多潜在的设计冲突或者制造问题都能尽早解决（图 3-7）。通过网络数据库提供的实时信息，60 多个国家的飞机零件供应商能及时地提供零件，使飞机能顺利地装配出来。

波音 777 飞机完全采用并顺利完成无纸化设计／制造方式的关键有两条，一是全程采用三维 CAD 软件进行设计，并在计算机上进行数字化预装配，建立起包含飞机完整信息的计算机模型，也就是产品信息模型；二是依靠了数字化设计和功能交叉的设计／制造团队，实施并行工程。这两条措施不仅减少设计更改和错误，大幅度降低了产品成本，缩短了研制开发的时间，而且消除了用传统方法设计的飞机交付使用后常有的大量返修工作。原来这类返修工作占推迟飞机起飞机械故障原因的 38%，现在用了新设计方法后已经降到 20 % 以下。

图 3-7

在波音 777 喷气式客机的设计和制造过程中由各部门混编的小组发挥了很好的作用

美国福特汽车公司采用 C3P 策略成效显著

波音 777 飞机的研制成功，给其他制造业树立了榜样。汽车工业也通过应用信息技术来促进行业的发展。

30 年前，汽车工业已经采用 CAD 软件做设计，陆陆续续也采用了 CAE（Computer Aided Engineering，计算机辅助工程）技术进行设计分析和工程分析（图 3-8），应用 CAM 技术制造汽车。但是随着汽车产品种类的增加，大量在设计和制造过程中产生的电子数据散布在各个部门，无法共享。

产品数据信息管理已成为汽车工业中信息技术应用的关键问题，各汽车制造商都投入大量人力物力来开发产品数据管理系统。1995 年，美国福特汽车公司作出了重大决策，这个在全球范围内拥有众多机构的跨国公司决定采用 C3P 策略，即 CAD / CAE / CAM / PIM，其中 PIM 是 Product Information Model（产品信息模型）的缩写（图 3-9）。这样，C3P 就成为覆盖福特公司全球范围内所有机构的、统一的信息平台，实现全球的信息共享，把设计、

图 3-8

应用计算流体力学来分析车身设计既节约了成本又便于调整

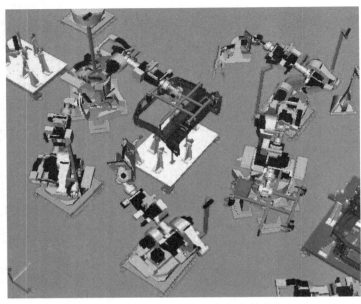

图3-9

福特公司大力推行 C3P，这是他们模拟汽车的制造过程

制造的数据以及其他关键的产品信息联系在一起；C3P 还成为一个可用于支持和全面优化产品开发过程的综合工具集合；C3P 还实现了全球的供应链整合。C3P 功能如此强大的关键一点，就是以 PIM 为核心。各个工程环节例如工程设计的签发、材料清单的管理、配套设计、售后服务等都离不开 PIM，它把所有信息整合在一起来发挥作用了。

C3P 使全球范围内所有福特公司的机构都能统一实现：

①从概念设计到制造，完全使用信息技术对产品进行数字化定义；

②可从福特公司在世界各地的机构获得当前的工程和制造信息；

③实现并行工程；

④用数字化的产品模型取代大量实物模型；

⑤建立数字化的"虚拟工厂"来模拟生产过程和装配操作。

福特公司的 C3P 计划所使用的一个新技术的代表性方法就是数字化的样车装配，这实际上就取消了实际样车和其他实样设计辅助等一些工序。

通过 C3P 体系，福特公司实现了一个新车型的开发周期从原先的 36 个月缩短到 18 ~ 12 个月，新车开发的后期涉及修改减少 50%，原型车制造和测试成本减少 50%，节约 2 亿美元开发费用，全球业务协同提高，投资收益提高 30%。

福特公司应用信息技术提高汽车制造的水平，是全球汽车工业发展的一个缩影。

制造业对信息技术的投入大大优于建筑业

除了飞机制造业、汽车制造业之外，制造业中的造船工业应用 PIM 提升了行业的生产水平，其他如通用设备制造业、通信设备制造业、服装业等都通过应用信息技术得到很大的提升，促进了行业的发展。

制造业这么牛，完全得益于制造业对于信息技术的大量投入，IDC（International Data Corporation，国际数据公司）在 2002 年提供的一项研究佐证了以上分析的观点。IDC 的研究表明，当时全球制造业和建筑业的规模相差无几，大约为 3 万亿美元左右，但是这两个行业各自在信息技术方面的投入却有着显著差别，制造业每年花费在信息技术方面的金额大约是 81 亿美元，而建筑业的投入约为 14 亿美元，仅为制造业的 17%（图 3-10）。

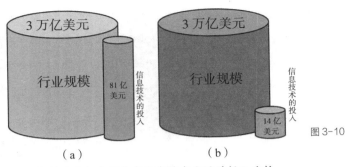

图 3-10

2002 年制造业与建筑业在信息技术方面的投入比较

（a）制造业；（b）建筑业

由于制造业在信息技术刚起步的时候就马上抓住这项新技术不放，不断增加投入，从而得到了快速发展。

早在 1964 年，世界上第一个机械 CAD 系统 DAC-1 就已问世；随后，美国 IBM 公司和 Lockheed 公司又联合开发了著名的 CAD / CAM 系统——CADAM，信息技术在制造业中的应用已初露曙光。

到了 1980 年前后，大量专用和通用 CAD 系统的投入应用推动了二维 CAD 技术的普及，同时也带动了三维 CAD 技术的发展，信息技术的应用范围已从单一零件设计拓宽到装配、有限元分析、机构分析、工艺规划、数控编程等多个应用场合。

早在 1973 年，美国的 Joseph Harrington 就提出了计算机集成制造（Computer Integrated Manufacturing，简称 CIM）的思想。这是通过计算机硬软件，并综合运用现代管理技术、制造技术、信息技术、自动化技术、系统工程技术，将企业分散在产品设计制造过程中全部有关的人、技术、经营管理三要素及其信息与物流有机集成并优化运行，实现整体效益的集成化和智能化制造的先进思想。这标志着制造业的信息技术进入了计算机集成应用时代。

　　实现 CIM 的基础技术就是 PIM 技术。PIM 可以覆盖制造业中产品的整个生命周期，为实现产品设计制造的自动化提供充分和完备的信息。飞机制造业、汽车制造业、造船业等制造业应用 PIM 技术已经使行业获得快速的发展，建筑业该怎么办？

第四章

BIM是什么

BIM 不仅仅是一项技术变革，也是一个过程的变革，使建筑物能够由具有关于自身的详细信息的智能对象来表示并且还能了解它们与建筑物模型中其他对象的关系。

——拉希米·哈姆拉尼（《BIM 手册》第二版序言）

术语 BIM 的诞生

制造业的 PIM 技术在蓬勃地发展，推动制造业不断攀登新高峰。建筑业该怎么办？建筑业是该有一种新的理念来推动行业发展了。这种新的理念就是 BIM。

2002 年，时任美国 Autodesk 公司副总裁的菲力普·伯恩斯坦（Philip G. Bernstein）首次在世界上提出了 Building Information Modeling 这个新的建筑信息技术名词术语，它的缩写 BIM 就作为建筑界的一个新术语诞生了。这个新术语的中文在当时被翻译为"建筑信息模型"。很明显，这个概念是在制造业的 PIM 影响下诞生的。

BIM 的含义

伯恩斯坦在当时是这样介绍 BIM 的，BIM "是对建筑设计和施工的创新。它的特点是为设计和施工中建设项目建立和使用互相协调的、内部一致的及可运算的信息。"他关于 BIM 的阐述都只是涉及 BIM 的特点而没有谈其本质。从现在的眼光看来，当时对 BIM 的认识还比较初步。

在 BIM 术语出现后，不同的机构关于 BIM 的定义有多种不同的阐述，本书作为科普读物，不想枯燥地在各种定义中进行比较和考究，这里只介绍我国国家标准《建筑信息模型应用统一标准》GB/T51212-2016 关于 BIM 的定义。该标准对于术语"建筑信息模型"（building information modeling, building information model，即 BIM）是这样定义的：

在建设工程及设施全生命周期内，对其物理和功能特性进行数字化表达，并依此设计、施工、运营的过程和结果的总称。简称模型。

如果觉得这个定义还是不太好懂，不妨再看看以下的解释：

如果要建一个建筑物，可以在动工前先在计算机上按照设计构思建立起一个虚拟的建筑物，虚拟建筑物中的每一个构件和真实建筑物中的构件是一一对应的，而且这个一一对应关系是指虚拟建筑物上的每一个构件的所有信息和将要兴建的真实建筑物是完全一致的。注意，是所有信息，例如，构件中所有的几何尺寸、材料的容重、材料的导热系数、构件的构造信息（镶板门、双层窗、复合墙等）、材料的生产商、供货价格等各种信息。这个虚拟的建筑物其实就是计算机上附加了建筑物相关信息的建筑三维模型，是一个信息化的建筑模型（图 4-1）。这样，在建筑工程项目的整个策划、设计、施工过程中都可以利用这个信息化的建筑模型进行工程分析和科学管理。例如，建筑师的建筑设计和结构工程师的结构设计会不会发生像图 1-4 那样的错误，把两根结构柱子栽在大楼的过道上；建筑师设计的梁柱和设备工程师设计的各类管道有没有发生碰撞；室内空间的尺寸是否满足无阻挡通过的要求（图 4-2）；施工现场的布置是否合理，塔吊位置安排得是否合适……将模型中出现的各种错误改正后才进行真实建筑物的建造，从而使错误的发生降低到最少，保证工期和质量。以上这种想法的本质就是应用 BIM 来实现建筑工程项目的高效、优质、低耗的思路，那个信息化的建筑模型就是 BIM 模型。

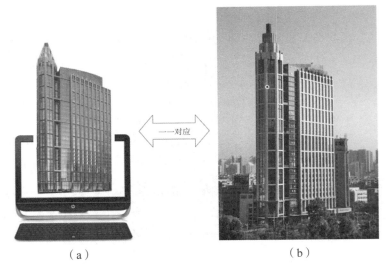

图 4-1

（a）　　　　　　　　（b）

计算机上建立的虚拟建筑物模型和真实建筑物存在一一对应的关系
（a）虚拟建筑物（三维 BIM 模型）;（b）真实建筑物

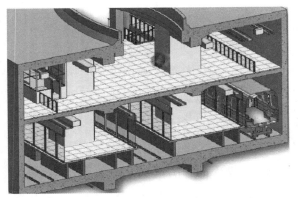

图 4-2

在地铁车站需要检查列车和周边之间距离是否能够满
足规范的安全要求

　　一个建筑物，从前期策划开始，经历了设计、施工阶段才得
以建成交付使用，进入运营阶段，一般就把一个建筑物从前期策
划，到设计、施工、运营，直至报废拆除整个过程称之为建筑全

生命周期。以上讲到的 BIM 的应用其实可以延续到建筑物的运营阶段，覆盖建筑全生命周期。

由此可以看出，在建筑全生命周期中应用 BIM 是建筑工程中的一种新理念。按照该理念，在建筑全生命周期中，需要不断地把各种建筑工程有关的信息整合在一起，建立一个能把这么多信息整合在一起的信息化建筑模型，不断完善这个模型，建筑全生命周期中的每一道工序，都需要事先在模型中进行模拟、试验，没有问题后再到真实的建筑物上实现这一道工序。

我们可以用八个字来概括这种新理念：信息整合，虚实结合。

信息整合，就是把各种与本工程项目有关信息整合在一起，建立一个信息化建筑模型。

虚实结合，就是先在虚拟的模型上进行模拟，检验无误后再在真实建筑上实现。

从 2002 年 BIM 的提出到现在，人们对 BIM 的认识也深入了很多，现在不少学者主张 BIM 的含义应当包括三个方面：

BIM 第一方面的含义是 Building Information Model，即把建筑信息整合在一起的信息化电子模型，即图 4-1 中的三维 BIM 模型，这是共享信息的资源；

BIM 第二方面的含义是 Building Information Modeling，是不断完善和应用信息化电子模型的行为过程，设计、施工等有关各方按照各自职责对模型输入、提取、更新和修改信息，用于支持各种应用的需要；

BIM 第三方面的含义是 Building Information Management，是一个信息化的协同工作环境，在这个环境中的各方可以交换、共享项目信息，并通过分析信息，做出决策或改善现状，使项目得到有效的管理（图 4-3）。

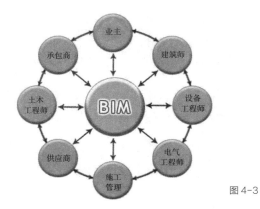

图 4-3

BIM 协同工作平台能够信息共享，协
调各方面的工作

　　在以上的三方面的含义中，第一方面是其后两个方面的基础，
因为第一方面提供了共享信息的资源，有了资源才有发展到第二
方面和第三方面的保证；而第三方面则是实现第二方面的先决条
件，如果没有这样一个环境，各参与方的信息交换、共享将得不
到保证，各参与方对模型的维护、更新工作也就无法进行。

　　这三方面中，最为重要的就是第二方面，它是一个不断完善、
应用模型中信息的行为过程，最能体现 BIM 的核心价值。但是不
管是哪一方面，在 BIM 中最核心的东西就是"信息"，正是这些
信息把三个方面有机地串联在一起，成为一个 BIM 的整体。如果
没有了信息，也就不会有 BIM。

什么是 BIM 技术

　　BIM 技术作为一项应用于建筑全生命周期的信息技术，其
技术的关键就是以一个贯穿其生命周期都通用的数据格式，来

创建、收集、应用建筑物所有相关的信息，建立起信息化建筑模型。

这里有一个关键词——"一个贯穿其生命周期都通用的数据格式"，为什么这是关键？

本书一开始曾经提及过《经济学人》杂志的一篇研究报告说过这样的话："建筑工程从一个项目到另一个项目一直在重复着初级的工作，研究指出，事实上多达 80% 的输入都是重复的。"信息的多次重复输入不但耗费大量人力物力成本，而且增加了出错的机会。造成重复输入有多种原因，以前的主要原因是普遍使用纸质文件，而近年来使用计算机之后的原因则是由于信息孤岛造成重复输入。形成信息孤岛的原因也很多，其中一个重要的原因，就是建筑业中应用的计算机软件品牌很多，每个软件都有自己的文件格式。

建筑全生命周期要经历多个阶段、多项由不同专业完成的工作。例如设计阶段可分为建筑创作、结构设计、节能设计等多项；施工阶段也可分为场地使用规划、施工进度模拟、数字化建造等多项。每项工作用到的软件都不相同，这些不同品牌、不同用途的软件所生成的文件格式并不都是一样的。例如，建筑业中常用的几个软件 AutoCAD、MicroStation、ArchiCAD、Revit 的文件格式分别是 dwg、dgn、pln、rvt，这些文件格式内部各自数据格式互不相同。往往在同一个建设项目中不同专业的技术人员采用的不是同一品牌软件，这就会出现在乙软件环境中，不能打开或不能完全打开在甲软件环境中画的图。这就需要在乙软件环境中重新输入在甲软件环境中已经有的数据，造成了重复输入。总之一句话，软件彼此的互用性差。

互用性（Interoperability）又称为互操作性，是指不同的计算机系统、网络、操作系统、软件、应用程序一起工作并共享信息的能力。

建筑业经常会出现多专业、多工种一起工作，例如建筑师、结构工程师、电气工程师、给水排水工程师在一起进行设计，需要互用彼此的信息，对信息的互用性有较高的要求。

在 2002 年美国建筑业曾经对信息不能互用给行业带来的额外成本进行过分析，调查的项目有新建项目和正在运营的项目，种类包括了商业建筑、工业建筑和公共建筑。调查发现由于信息不能有效互用，导致成本增加：

对于新建项目，每平方英尺平均增加成本 6.12 美元；

对于正在运营的项目，每年每平方英尺平均增加成本 0.23 美元，如果按照 50 年使用年限计算，这个额外成本为每平方英尺 11.5 美元；

在所有的额外增加成本中，68% 左右由业主买单。

以上都是金额不小的数目。

有些软件公司为了解决信息的互用性问题，就在其开发的 CAD 软件中配置了一些文件转换器，可以把其他软件格式的文件在本软件中打开。一般来说，如果有 n 种文件格式彼此需要互相转换，就必须有 $n(n-1)$ 种转换手段，当 n 很大时，编写文件转换器的工作就成了一项非常艰辛的工作。软件之间的互操作也就变得很复杂（图 4-4a）。但如果换一种思路，共同制定一种文件格式作为通用的标准格式，则只需要 2n 种转换手段就可以了（图 4-4b）。例如，当 n=8 时，$8 \times (8-1)=56$，而 $2 \times 8=16$。显然，制定一种标准格式会使问题简化很多。

而应用 BIM 想解决的问题之一，就是在建筑全生命周期中，希望任何信息都只需要一次输入，输入后通过信息的流动可以应

图 4-4

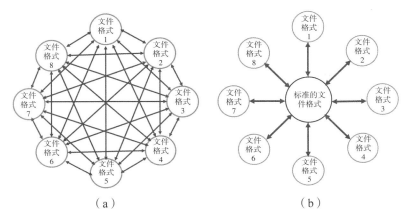

（a）   （b）

标准文件格式的设置，很好地解决不同格式文件信息的流动、共享等问题
（a）n 种文件格式需要 n（n-1）种转换手段；（b）有了标准文件格式只需要
2n 种转换手段

用到建筑全生命周期的各个阶段。如果需要从 BIM 模型中提取源信息进行计算、分析，提供决策数据给下一阶段应用，也就需要一种在建筑全生命周期各种软件都通用的数据格式，以方便信息的互用。

因此，BIM 技术的核心问题就是标准的数据格式。其关键词"一个贯穿其生命周期都通用的数据格式"，在信息的储存、共享、应用和流动中起到重要的作用。

什么样的数据格式能够担当此大任呢？

这种数据格式就是在 IFC（Industry Foundation Classes，工业基础类）标准所规定的格式，IFC 标准是开放的建筑产品数据表达与交换的国际标准，其第一个版本在 1997 年发布。IFC 是由国际组织 International Alliance for Interoperability（IAI）制定和维护的。IAI 现已改名为 building SMART International（bSI），在 2013年，bSI 发布了 IFC 标准最新的版本 IFC4（图 4-5）。

图 4-5

building SMART International 的标识

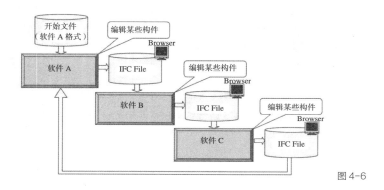

图 4-6

不管使用什么软件，只要输入输出都采用 IFC 格式就能形
成顺畅的信息流

　　如果软件配置了 IFC 格式，既可以接收 IFC 格式的文件信息，
同时也可以输出 IFC 格式的文件信息供后续工序采用（图 4-6）。
因此，IFC 标准是 BIM 技术的主要支柱。

　　这样，如果两个设计师各自使用不同品牌的软件，只要他们
用的软件都配置了 IFC 格式，这两个设计师之间就可以方便地将
自己的设计信息分享给对方。

　　目前，世界著名的工程软件开发商如 Autodesk、Bentley、
Graphisoft、Gehry Technologies、Tekla 等开发的工程软件都配
置了 IFC 格式，为了保证其软件所配置的 IFC 格式的正确性，
他们都把其开发的软件送到 bSI 进行 IFC 认证。一般认为，软
件通过了 bSI 的 IFC 认证标志着该软件产品真正采用了 BIM 技

图 4-7

基于 IFC 格式实现了两种软件之间的信息互用

术。并能够与其他品牌的软件通过 IFC 格式正确地交换数据，IFC 标准已经在实际中得到应用。例如，本书第一章提到的悉尼歌剧院在落成 30 多年后，应用 BIM 技术建立起它的运营维护管理系统。它的 BIM 模型是用 MicroStation 软件建立的，而管理系统的分析软件是基于 ArchiCAD 软件开发的，将 BIM 模型从 MicroStation 中以 IFC 格式输出，再导入 ArchiCAD 中，这个过程并无数据丢失（图 4-7）。

悉尼歌剧院所在区域有许多关乎历史发展、考古文物、现有和废弃的公用设施等事物。而这些事物的信息格式有许多不同。悉尼歌剧院主模型应用 IFC 格式整合了这些数据，如地籍、土地利用、地形、公用设施和资产登记等。

悉尼歌剧院运营维护管理系统通过应用 IFC 标准实现了信息的互用性，在日常的运营维护工作中发挥了良好的作用。

新加坡政府已经把 IFC 应用在建筑报批审查方面的电子政务中。政府按照 IFC 标准编写出检查建筑设计方案的计算机程序

ePlanCheck，将建筑规范中的强制性要求作为 ePlanCheck 中的检查条件，设计师上报的设计方案必须是用能够输出 IFC 标准格式数据的 CAD 软件来完成，ePlanCheck 自动检查用 IFC 标准格式上报的设计方案是否符合建筑规范，如果设计方案有违规的地方就会在方案上标示出来。

BIM 技术的特点

（1）操作的可视化

可视化是 BIM 技术最显而易见的特点。BIM 技术的一切操作都是在可视化的环境下完成的，在可视化环境下进行建筑设计（图 4-8）、进行节能分析、碰撞检测、施工模拟、避灾路线分析等一系列的操作。

而传统的 CAD 技术，只能提交二维的图纸。为了使不懂看图纸的业主和用户看得明白，就需要委托效果图公司绘制一些三

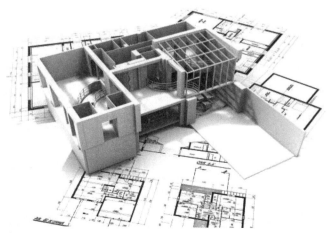

图 4-8

在可视化环境进行建筑设计会大大提高建筑设计质量

维的效果图，或者委托模型公司做一些实体的建筑模型。虽然效果图和实体的建筑模型提供了可视化的视觉效果，但这样做仅仅是限于展示设计的效果，却不能进行节能模拟、碰撞检测和施工仿真，总之一句话，不能帮助项目团队进行工程分析以提高整个工程的质量。

现在建筑物的规模越来越大、具有的功能也越来越多。面对这些问题，如果没有可视化手段，光是靠设计师用脑袋来记忆、分析是不可能的，一些比较抽象的信息如风压、热舒适性等，如果没有可视化手段也不一定能够清晰地表达和交流。BIM 技术的出现为实现可视化操作开辟了广阔的前景，其附带的构件信息为可视化操作提供了有力的支持，不但使一些比较抽象的信息可以用可视化方式表达出来（图 4-9），还可以将建筑工程过程及各种相互关系动态地表现出来。可视化操作为一系列分析提供了方便，有利于生产效率的提高。

（2）信息的完备性

BIM 模型内包含了建筑物的所有信息，除了对建筑物进行三

图 4-9

可视化的建筑室内光环境分析

维几何信息和构件之间关系的描述，还包括完整的工程信息的描述，如构件名称、结构类型、建筑材料、工程性能等设计信息；施工工序、进度、成本、质量、施工责任人、设备及材料供应商等施工信息；工程安全性能、材料耐久性能等维护信息（图 4-10）。

图 4-10

BIM 模型里面什么信息都有啊

信息的完备性还体现在创建 BIM 模型行为覆盖了建筑全生命周期的过程，把建筑工程的前期策划、设计、施工、运营维护各个阶段产生的信息都存储进 BIM 模型中，为应用 BIM 模型进行运营维护提供了良好条件。

信息的完备性使得 BIM 模型具有良好的数据基础条件，为各种优化分析（体量分析、空间分析、采光分析、能耗分析、成本分析等）和模拟仿真（碰撞检测、虚拟施工、紧急疏散模拟等）提供了各种数据的支持。

（3）信息的协调性

协调性体现在两个方面：一是在数据之间创建实时的、一致性的关联，对数据库中数据的任何更改，都马上可以在其他关联的地方反映出来；二是在各构件实体之间实现关联显示、智能互动。

应用二维 CAD 软件时会发生这样的事：修改了平面图却忘记了修改立面图，结果平面图和立面图不一致，使施工中出现了问题。有了信息的协调性之后，这样的现象就不会发生。因此，协调性这个技术特点很重要。

对设计师来说，应用 BIM 技术进行设计，所建立起的 BIM 模型就是设计的成果，至于各种平面图、立面图、剖面图等二维图纸以及门窗表等图表都可以根据模型随时生成。由于源自同一 BIM 模型，因此所有图纸、图表均相互关联，避免了前面提到的平面图和立面图不一致的现象。而且在任何视图（平面图、立面图、剖视图）上所作的修改，就视同对模型的修改，都会马上在其他视图或图表上关联的地方实时地反映出来。这样就保持了 BIM 模型的完整性和一致性，大大提高了实际项目的工作效率，消除了不同视图之间的不一致现象，保证项目的工程质量。

这种关联变化还表现在各构件实体之间可以实现关联显示、智能互动。例如模型中的屋顶是和墙相连的，如果要拉动鼠标把屋顶升高，墙的高度就会随着变高。又如，门窗都是开在墙上的，如果拉动鼠标把模型中的墙平移，墙上的门窗也会同时平移；如果把模型中的墙删除，墙上的门窗马上也被删除，而不会出现墙被删除了而窗还悬在半空的不协调现象。这种关联显示、智能互动表明了 BIM 技术支持对模型信息进行计算和分析，并生成相应的图形及文档。

信息的协调性使得 BIM 模型中各个构件之间具有良好的协调关系，有助于不同专业的设计人员应用 BIM 技术发现专业设计之间不协调甚至引起冲突的地方，及早修正设计，避免造成返工与浪费。

（4）信息的互用性

信息的互用性是 BIM 非常重要的技术特点。前面介绍过，IFC 标准是 BIM 技术的主要支柱，是一个贯穿建筑全生命周期、通用的数据格式，是实现信息互用性的保证。应用 BIM 技术可以保证信息流的畅通，保证经过传输与交换以后，信息前后的一致性。

实现互用性，就使 BIM 模型中所有数据只需要一次采集或输入，就可以在建筑全生命周期中实现信息的共享与流动，避免了在建设项目不同阶段对数据的重复输入，从而降低成本、减少错误、提高效率。

这一点也表明 BIM 技术提供了良好的信息共享环境。BIM 技术的应用不应当因为项目参与方所使用不同专业的软件或者不同品牌的软件而产生信息交流的障碍，更不应当在信息的交流过程中发生损耗，导致部分信息的丢失，应保证信息自始至终的一致性（图 4-11）。

图 4-11

信息的互用性保证了不同品牌的软件之间的信息交流没有障碍

正是 BIM 技术这四个特点大大改变了传统建筑业的生产模式。利用 BIM 模型，使建筑项目的信息在其全生命周期中实现无障碍共享、无损耗传递，为建筑项目全生命周期中的所有决策及生产活动提供可靠的信息基础。BIM 技术较好地解决了建筑全生命周期中多工种、多阶段的信息共享问题，使整个工程的成本大大降低、质量和效率显著提高，为传统建筑业在信息时代的发展展现了光明的前景。

第五章

BIM的起源与发展

工具必见诸实用，砥砺改进，以期日新又新。

——郭沫若（《沸羹集》）

　　BIM 的出现是与当今科技的发展分不开的。在 BIM 这个术语诞生之前，建筑信息技术专家对建立信息化建筑模型进行了大量基础性的研究，工程软件公司不断把专家们的研究成果转化到软件开发中。希望下面对研究发展历程的介绍，对加深 BIM 理念的理解有所帮助。

建筑信息建模研究的起点

　　20 世纪 60 年代，计算机图形学的诞生，推动了 CAAD 的发展。就在 CAAD 发展的过程中，有一位在 CAAD 发展史上具有重要地位的先驱人物看到了发展中存在的问题，这位先驱人物就是美国的查理斯·伊斯曼（Charles Eastman）教授（图 5-1）。

图 5-1

查尔斯·伊斯曼教授

　　伊斯曼年轻时，深受具有英国剑桥大学数学硕士学位的著名建筑大师克里斯托弗·亚历山大（Christopher Alexander）的影响，对数学逻辑分析的方法产生了浓厚的兴趣，这些方法深刻地影响到他后来所从事的 CAAD 研究。

　　伊斯曼对 BIM 技术做的开创性研究可以追溯到在 1974 年 9

月，当时他在卡内基·梅隆大学工作，他和合作者在一篇 CAAD
研究的报告中提出了如下一些问题：

①一栋建筑至少由平面图、立面图两张图纸来描绘，这就等
于一个尺寸至少被描绘两次，修改设计时需要大量的工作才能使
不同图纸保持一致；

②通过努力，有时还是会有一些图中的信息是不正确的或者
不一致的，如果根据这些信息做出决策，会使建设项目变得复杂化；

③大多数分析需要的信息必须由人工从施工图纸上摘录下
来，这些数据准备工作在任何建筑分析中都是主要的成本。

基于对以上问题的精辟分析，伊斯曼在研究中开创性地提出
了应用当时还是很新的数据库技术建立建筑描述系统（Building
Description System，简称 BDS）来解决上述问题的思想。他提出
了 BDS 的概念性设计，在该系统中，将建筑物看作是由一组建
筑构件组成的空间构成物。他设计的 BDS 系统在当时风行一时
的 PDP-11/20 计算机上通过了运行。

伊斯曼通过总结分析，认为 BDS 可以降低设计成本，使草
图设计和分析的成本减少 50% 以上。随后伊斯曼在 1975 年 3 月
发表的论文《在建筑设计中应用计算机而不是图纸》中介绍了
BDS，并高瞻远瞩地陈述了以下一些观点：

① 应用计算机进行建筑设计就是在空间中安排三维元素的集
合，这些元素包括强化横梁、预制梁板、一个房间等；

② 设计中必须包含相互作用且具有明确定义的元素，可以从
描述的元素中获得平面图、立面图、剖面图、透视图等；

③ 由于所有图形都取之于相同的元素，因此对任何设计安排
上的改变，在所有图形上的更新也应当是一致的；

④ 计算机提供一个单一的集成数据库用作视觉分析及量化分

析，测试空间冲突与制图等功用；

⑤ 项目承包商可能会发现信息化手段的优点，非常便于进度控制及材料采购。

20 多年后出现的 BIM 技术证实了伊斯曼教授上述观点的预见性，他的预见已经明确提出了在未来的三四十年间建筑业发展需要解决的问题。他提出的 BDS 采用了数据库技术，其实就是 BIM 的雏形。

学术界有关建筑信息建模的研究不断走向深入

自从伊斯曼发表了建筑描述系统 BDS 以来，学术界十分关注建筑信息建模的研究并发表了大量有关的研究成果，特别是进入 20 世纪 90 年代后，这方面的研究成果大量增加。

1988 年由美国斯坦福大学教授保罗·特乔尔兹（Paul Teicholz）博士（图 5-2）建立的设施集成工程中心（Center for Integrated Facility Engineering，简称 CIFE）是 BIM 研究发展进程的一个重要标志。

CIFE 在 1996 年提出了四维工程管理理论，把时间属性作为

图 5-2

保罗·特乔尔兹教授

一个维度也包含在三维的建筑模型中，将建筑物的构件、施工场地、设备等三维模型与施工进度计划集成在一起，建立施工场地的四维模型，实现施工管理和控制的信息化、集成化、可视化和智能化。到了 2001 年，CIFE 又提出了建设领域的虚拟设计与施工（Virtual Design and Construction，简称 VDC）的理论与方法，通过集成化信息技术模型，准确反映和控制项目建设的过程。今天，四维工程管理与 VDC 都是 BIM 的重要组成部分。

在建筑信息建模的研究过程中，也提到了需要相关标准的支持问题。

在 1984 年，国际标准化组织 ISO 发布的产品模型数据交换标准 STEP（Standard for the Exchange of Product Model Data）是一个表达和交换产品数据的国际标准，在 STEP 标准中规定了一种形式化的产品数据描述语言——EXPRESS 语言，该语言提供了如何对产品数据进行描述的机制。

1997 年，作为 BIM 的技术支柱的 IFC 标准（第 4 章已经作过介绍）发布，该标准采用 EXPRESS 语言来描述工程信息。

STEP 标准和 IFC 标准是对 BIM 影响最大的两个国际标准。正是这些标准的制定，使 BIM 技术有了可靠的支柱，推动了 BIM 的迅速发展。

制造业给予建筑业的有益启示

在第 3 章对制造业在产品信息建模方面的成功经验已经做过很多介绍，这些经验也给建筑业提供了许多有益的启示。

在 20 世纪 70 年代，在制造业 CAD 的应用中也开始了 PIM 研究。产品信息建模的研究对象是制造系统中产品的整个生命周期，目的是为实现产品设计制造的自动化提供充分和完备的信息。研究人员很快注意到，除几何模型外，工程上其他信息如精度、装配关系、属性等，也应该扩充到产品信息模型中去，因此要扩展产品信息建模的能力。

制造业对产品信息模型的研究，也经历了由简到繁、由几何模型到集成化产品信息模型的发展阶段，其先后提出的产品信息模型有以下几种：面向几何的产品信息模型、面向特征的产品信息模型、基于知识的产品信息模型、集成的产品信息模型。特别是在 STEP 标准发布后，对集成的产品信息模型的研究起了积极的推动作用，使 PIM 技术研究得到飞速的发展。

制造业以上的研究工作对建筑业产生了深远的影响。查理斯·伊斯曼教授在回忆他在开始进行实体参数化建模研究时谈到，当时他的研究就是参考了通用汽车和波音公司三维实体建模的研究工作。他领衔编写的《BIM 手册》（图 5-3）一书中也专门提到波音 777 飞机是如何实现参数化建模的。这充分反映了制造业产品信息建模研究对建筑业的影响。

非常有意思的是，目前在 BIM 领域里大放异彩的 Revit 系列

图 5-3

查理斯·伊斯曼教授领衔编写的《BIM 手册》

软件，其核心的始创团队与机械设计软件 ProEngineer 的核心始创团队是同一批技术人员。ProEngineer 是采用参数化设计的产品信息建模软件，在全球机械制造业中占据主流地位。从这里可以看到 PIM 技术对 BIM 技术的直接影响。

软件开发商的努力和探索使 BIM 落实到工程实践

BIM 的应用，归根到底都是要落实到有支持 BIM 技术的软件上来。

在 20 世纪 80 年代出现过一批不错的建筑软件。英国 ARC 公司研制的 BDS 和 GDS 系统，通过应用数据库把建筑师、结构工程师和其他专业工程师的工作集成在一起，大大提高了不同工种间的协调水平。日本的清水建设公司和大林组公司也分别研制出了 STEP 系统和 TADD 系统，这两个系统实现了不同专业的数据共享，基本实现了能够支持建筑设计的每一个阶段。英国 GMW 公司开发的 RUCAPS（Really Universal Computer Aided Production System）软件系统采用 3D 构件来构建建筑模型，系统中有一个可以储存模型中所有构件的关系数据库，还包含有多用户系统，可满足多人同时在同一模型上工作。以上软件的许多概念与今天许多 BIM 软件上的概念是相似的。

随着对信息建模研究的不断深入，软件开发商也逐渐建立起名称各异的、信息化的建筑模型。最早应用 BIM 技术的是匈牙利的 Graphisoft 公司，他们在 1987 年提出虚拟建筑（Virtual Building，VB）的概念，并把这一概念应用在 ArchiCAD 3.0 的开发中。Graphisoft 公司声称：VB 就是设计项目的一体化三维计算机模型，包含所有的建筑信息，并且可视、可编辑、可定义。应

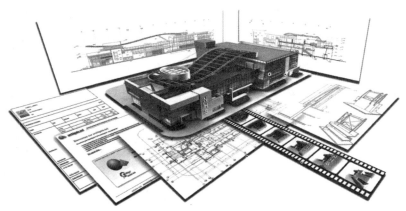

图 5-4

Graphisoft 提出了 VB 的概念并把这一概念应用在 ArchiCAD 的开发中

用 VB 不但可以实现对建筑信息的控制，而且可以从同一个文件中生成施工图、渲染图、工程量清单，甚至虚拟实境的场景。VB 概念可运用在建筑工程的各个阶段——设计、出图、与客户的交流和建筑师之间的合作（图 5-4）。VB 的概念其实就非常接近当今的 BIM 概念，只不过当时还没有 BIM 这个术语。

随后，美国 Bentley 公司则提出了一体化项目模型（Integrated Project Models，IPM）的概念，并在 2001 年发布的 MicroStation V8 中，应用了这个新概念。

美国 Revit 技术公司（Revit Technology Corporation）在 1997 年成立后，研发出建筑设计软件 Revit。该软件采用了参数化数据建模技术，实现了数据的关联显示、智能互动，代表着新一代建筑设计软件的发展方向。美国 Autodesk 公司在 2002 年收购了 Revit 技术公司，自此软件 Revit 也就成了 Autodesk 公司旗下的产品。在推广 Revit 的过程中，Autodesk 公司在 2002 年首次提出建筑信息模型（Building Information Modeling，BIM）这个技术术语。至此，BIM 这个技术术语正式诞生。术语 BIM 很快就得到学术界和其他软件开发商的普遍认同，得到广泛采用，从而推动了 BIM 的研究在更广泛的范围内、更深入的层次上开展。到今天，BIM 已经在建筑业中处于举足轻重的地位。

BIM 在建筑工程中的应用发展很快

BIM 一来到世间，就在建筑业中不断制造惊喜，令人刮目相看，在实际的建设项目中，取得了较好的成绩。

例如，在 2006 年落成的澳大利亚墨尔本 Eureka 大厦（图 5-5），是世界上最高的住宅建筑（297m 高），也是世界上较早应用 BIM 的概念、技术进行设计、施工的大型建筑工程之一。该项目采用 ArchiCAD 软件。承担该工程的澳大利亚 FKA 公司应用 BIM 技术后发现，1000 多张 A1 大小的施工图全部都可以从 BIM 模型直接生成，节省了许多绘制施工图的时间。对 BIM 模型的任何修改，都会使这些施工图自动更新，消除了图纸之间出现的不一致现象。在这么大规模的工程中，这样节省下来的时间以及减少施工文件错误所提高的劳动生产率都非常可观，导致 FKA 公司在经济上的获益比以前多了很多倍。

2011 年在建筑面积 $28124m^2$ 的国家电网上海容灾中心的建设过程中，由于采用了 BIM 技

图 5-5

Eureka 大厦

图 5-6

国家电网上海容错中心项目 BIM 分析图

术，在施工前通过 BIM 模型发现并消除的各种类型的碰撞错误 2014 个，光是这一项，就避免了因设备、管线拆改造成的预计损失约 363 万元，同时还避免了工程增加管理费用约 105 万元。之后还在竣工 BIM 模型的基础上开发管理平台，实现 BIM 模型对监控系统的数据读取和故障点三维定位，提高了对配套设施的监控能力和安全保障（图 5-6）。

到目前为止，大多数发达国家和少数发展中国家都已经在建筑业应用 BIM 技术了。早在 2012 年，美国的建筑师、土木工程师和建筑承包商应用 BIM 技术的比例已分别达到 70%、67% 和 74%，近年来这个比例还在增加。在英国，四分之三的中型和大型公司已经采用了 BIM 技术。图 5-7 为对 5 个应用 BIM 增长最快的国家未来 2 年内在 30% 以上项目中应用 BIM 的施工企业总数增长预测。

在 2007 年，也就是 BIM 出现的早期，美国斯坦福大学的 CIFE（设施集成工程中心）就建设项目使用 BIM 以后有何优势的问题对 32 个使用 BIM 的项目进行了调查研究，得出如下调研结果：

① 消除多达 40% 的预算外更改；

② 造价估算精确度在 3% 范围内；

③ 最多可减少 80% 耗费在造价估算上的时间；

④ 通过冲突检测可节省多达 10% 的合同价格；

⑤ 项目工期缩短 7%。

英国政府近年来推动 BIM 应用的力度很大，有研究对英国 BIM 应用情况进行了统计分析，总结出的成效如图 5-8 所示。

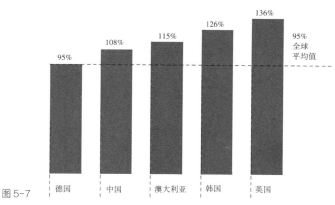

图 5-7

5 个应用 BIM 增长最快的国家未来 2 年在 30% 以上项目中应用 BIM 的施工企业总数增长预测

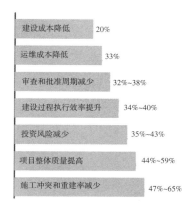

图 5-8

英国应用 BIM 的成效

看来，在 BIM 的引领下，传统的建筑业正迎来大发展的新时代。

BIM 在建筑业中的地位

目前，BIM 已经在建筑业中处于举足轻重的地位。下面分别说明。

（1）BIM 技术正在建筑业中得到广泛深入的应用

首先，BIM 技术目前已经在建筑工程项目的各个阶段、多个方面得到广泛的应用（图 5-9），在场地分析、设计方案论证、节能分析、碰撞检查、施工场地规划、物料跟踪、资产管理等方面都能找到很多成功的案例。

图 5-9 大致反映了 BIM 技术在建筑工程实践中的应用范围，BIM 的应用跨越了建筑项目全生命周期的四个阶段，即项目前期策划阶段、设计阶段、施工阶段、运营阶段。迄今为止，还没有

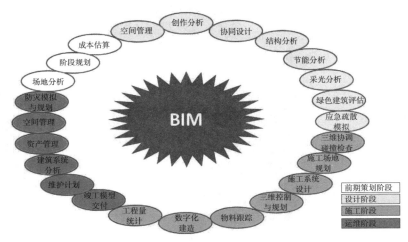

图 5-9

BIM 技术可应用在建筑工程项目的多个方面

哪一项技术像 BIM 技术这样可以覆盖建筑项目全生命周期的。

其次，BIM 技术应用的广泛程度还体现在不只是房屋建筑在应用 BIM 技术，在各种类型的基础设施建设项目中，越来越多的项目在应用 BIM 技术。在桥梁工程、水利工程、铁路交通、机场建设、市政工程、风景园林建设等各类工程建设中，都可以找到 BIM 技术应用的范例，以及不断扩大应用的趋势。

英、美、法、德四国超过半数的交通基建项目应用 BIM 的比例从 2015 ~ 2017 年有了大幅飙升；预测到 2019 年还会持续上升（图 5-10 ）。

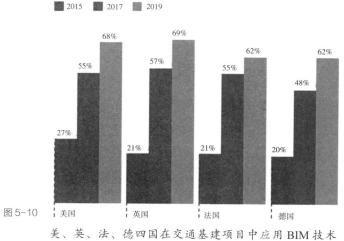

图 5-10　美、英、法、德四国在交通基建项目中应用 BIM 技术的比例在不断上升

再一点就是应用 BIM 技术的人群相当广泛。当然，各类参与建设项目的从业人员是 BIM 技术的直接使用者，但是，建筑业以外的人员也有不少需要应用 BIM 技术。除了业主、设计师、工程师、承包商、分包商这些和工程项目有着直接关系的人员之外，也有房地产经纪、房屋估价师、提供贷款抵押的银行、律师等服务类

的人员，还有涉及环保、生产安全、职业健康、各类法规检查执法等政府机构的人员，以及废物处理回收商、抢险救援人员等其他行业相关的人员。

由此可以看出，BIM 技术的应用面真是很宽很广。可以这样说，在建筑全生命周期中，BIM 技术无处不用、无人不用。

除了上面所反映 BIM 技术应用的广度之外，BIM 技术应用的深度已经日渐被建筑行业的从业人员所了解。在 BIM 技术的早期应用中，人们对他了解最多的是 BIM 技术的三维应用，即大家津津乐道的可视化。但随着应用的深入发展，发现 BIM 技术的能力远远超出了三维的范围，可以将可视化和时间结合起来，即三维 + 时间，实现四维应用；还可以将可视化和时间、成本分析结合起来，即三维 + 时间 + 成本，实现五维应用；甚至有 N 维应用。正是应用 BIM 技术进行各方面的分析使 BIM 技术的应用深度达到了较高的水平。

以上已充分说明了 BIM 模型被越来越多的设施建设项目作为建筑信息的载体与共享中心，BIM 技术也成为提高效率和质量、节省时间和成本的强力工具。

（2）BIM 技术同时也成为工程软件开发商开发建筑工程软件的主流技术

软件是实现 BIM 的必要条件，所以从 21 世纪更迭前后开始，工程软件就开始布局采用 BIM 技术开发工程软件。随着 BIM 应用日益广泛，采用 BIM 技术开发的工程软件越来越多，BIM 技术已成为工程软件开发采用的主流技术（图 5-11）。

（3）BIM 模型成为建设项目中共同协作平台的核心

以前建筑工程项目为什么会出现设计错误，或者施工计划不当，进而造成返工、工期延误、效率低下、造价上升？其中一个重要的原因就是信息流通不畅和信息孤岛的存在。

随着建筑工程的规模日益扩大，项目团队面对的问题越来越多，不同专业的相关人员进行信息交流也越来越频繁，这就需要在信息充分交换的基础上把工程的每一步搞好。因此，在一个基于 BIM 模型建立起的建筑项目协同工作平台（图 5-12），有利于信息的充分交流和不同参与方的协商，还可以改变信息交流中的无序现象，实现了信息交流的集中管理与信息共享。

图 5-11

采用 BIM 技术作为主流技术的工程软件品牌

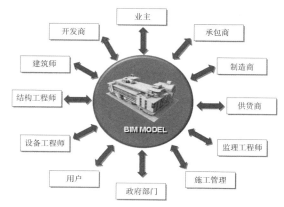

图 5-12

基于 BIM 的建筑项目协同工作平台

在设计阶段应用协同工作平台可以显著减少设计图中的缺漏错碰现象，并且加强了设计过程的信息管理和设计过程的控制，有利于在过程中控制图纸的设计质量，加强设计进程的监督，确保交图的时限。

建筑项目协同工作平台的应用覆盖从建筑设计阶段到建筑施工、运行维护整个建筑全生命周期。由于建筑设计质量在应用了协同工作平台后显著提高，施工方按照设计执行建造就减少了返工，从而保证了建筑工程的质量、缩短了工期。施工方还可以在这个平台上对各工种的施工计划安排进行协商，做到各工序衔接紧密，消除窝工现象。施工方在这个平台上通过与供应商协同工作，让供应商充分了解建筑材料使用计划，做到准时按质按量供货，减少了材料的积压和浪费。

这个平台还可以在建筑物的运营阶段使用，充分利用平台的设计和施工资料对房屋进行维护，直至建筑全寿命周期的结束。

BIM 已成为建筑业变革的推动力

在推广 BIM 的过程中，发觉建筑业原有的工作方式和管理模式已经不能适应 BIM 应用的需要，成为有碍于 BIM 应用发展的阻力。

建设一个大型的建筑项目，参与的专业非常之多，有建筑设计、结构设计、水暖电设计、节能顾问、消防顾问、基础施工、建筑施工、幕墙安装、给水排水安装、暖通安装、供电系统安装、监控系统安装、门窗制造与安装、混凝土供应、钢材供应等等。而这些不同的专业又分属不同的企业，企业在参与项目时经常从自身的利益出发，可能会与其他参与企业产生各种各样的矛盾和纠纷，致使项目的进程被延缓。因为这些企业并不是以工程项目的总体利益为目标，而是以本企业的利益为目标。参与的各方以合同规定的责、权、利作为本方的努力目标，不是我方的工作则与我无关。例如施工方认为，项目设计是设计方的工作，与施工方无关。但实际上很多设计图纸中的问题是由于设计方不掌握施工方已掌握的信息所引起的，结果这些问题到了施工阶段才发现，从而导致设计变更，受影响的不单是项目工期，还影响到造价甚至质量。因此就可能会出现这样的情况，整个项目总体上亏了，但某一个参与企业却实现盈利。如果整天纠缠在利益纠纷中，BIM 技术怎么能用得好呢？

因此，在推广应用 BIM 技术的同时，建筑业的劳动生产组织形式需要进行大的变革。

在推广 BIM 应用的过程中发现，如果把所有的项目参与方的利益和项目的总体利益捆绑在一起，通过契约组成利益共同体，能够保证通过各参与方的共同努力，在整个项目的总体实现盈利同时，各参与方也能获得利益，项目亏损时，各参与方也要分担亏损。在经过多种工作模式探索的基础上，目前普遍认为，一体化项目交付（Integrated Project Delivery，IPD）模式是最适合 BIM 应用的工作模式。

在 IPD 模式中，从形成设计概念开始，整个项目各参与方就组成一个 IPD 团队在一起工作了，所有参与者将充分发挥自己的聪明才智和洞察力，将项目进行有效的优化。由于各方面共同参加，各方的信息在 BIM 平台上得到充分交流。这样，在项目的各个阶段，由 IPD 团队共同确定实施的对策，在技术、经济等多方面同时满足业主要求及实施的可行性，尽早预见各种问题，积极互相协调，使各工序衔接紧密，减少风险与失误，这样，建设就可以按照预定时间和预算完工（图 5-13）。

建筑师的设计方案是在 IPD 团队充分交换意见的基础上确定的，方案在技术、经济等多方面同时满足业主要求及实施的可行性，使整个工程变得更可预测，避免了到后期可能要花重金重新进行设计

方案设计阶段

建筑师与业主、各专业工程师、施工方之间进行合作式设计，根据各专业的分析结果，修改BIM 模型，施工方对关键环节模拟后确认设计的施工可行性。IPD 团队在综合多专业信息的基础上，产生与设计及施工方案相呼应的造价、工期等设计成果

设计阶段

IPD 团队中各专业工程师将进一步细化各自的专业模型，并将各专业模型集成为综合模型，进行碰撞检查与空间协调设计，利用精确的模型自动生成施工图和各种施工文件，施工方将进行采购协调，并对项目的实施进行模拟，针对模拟中的问题调整优化施工流程

施工图设计阶段

业主或工程监理单位将监督施工过程、审核工程变更请求，设计方负责项目变更的设计，施工方负责将该阶段的相关变更反映到施工模型上，最终产生项目的 BIM 竣工模型，其他相关方将协助竣工模型的修改和完善

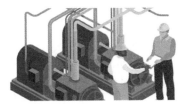

施工阶段

管理单位将使用建设项目的竣工模型进行设施的管理，必要时将根据设施管理工作需要对竣工模型进行修改和优化

图 5-13

运营阶段

IPD 工作模式图解

IPD 模式最突出的优势是项目团队使用最佳的协作工具和技术进行工作，以保证项目在所期望的造价和工期内完成。IPD 模式解决了劳动生产率低下、浪费、工期延误、建筑质量等问题，同时也解决业主与各参与方之间的利益冲突问题。当然，这种合作是受彼此签订的合同条款规范的。IPD 模式将成为建筑业新的工作模式。

BIM 与 IPD 有着近乎完全一致的项目目标——实现项目利益的最大化。同时，BIM 是 IPD 最强健的支撑工具。由于 BIM 可以将设计、制造、安装以及项目管理信息整合在模型数据库中，它为项目的设计、施工提供了一个协同工作平台，甚至在项目交付之后，业主可以利用 BIM 进行设施管理、维护等。

2006 年在美国，由 DPR 公司实施建设的 Camino 医疗办公楼项目中，将 BIM 技术和 IPD 模式结合应用，细化到了安装级别。大大增强了与业主、设计和工程施工单位的紧密合作，最终节省项目资金 900 万美元，提前半年交付使用。项目团队机电工程的生产效率提高了 30%，并且实现了各系统之间的零冲突和低于 0.2% 的返工率。

第六章

大显神威的BIM

在这一系列迅猛的进步中，CAD 技术形成了系统的方法与理论，在工程实践中产生巨大的效益。

——潘云鹤（"智能 CAD 面临创新的挑战"）

BIM 在建筑工程全生命周期各阶段的应用

BIM 问世后的实践证明，BIM 在建筑工程中有着很广泛的应用范围，这些应用跨越了建筑工程全生命周期的四个阶段，即项目前期策划阶段、设计阶段、施工阶段、运营维护阶段。使得在不同的阶段中，处于不同岗位的人员都可以应用 BIM 技术来开展本职工作。BIM 技术的应用正不断给人们带来额外的惊喜。

一、BIM 在前期策划阶段的应用

项目的第一个阶段是项目的前期策划阶段，这阶段对整个建筑工程项目的影响是很大的。前期策划做得好，随后进行的设计、施工就会进展顺利；而前期策划做得不好，将会对后续各个工程阶段造成不良的影响。

可以想象，房子都盖得差不多了，再想改变房子的设计确实很难，除非把盖得差不多的房子推倒重来。这刚好说明，在项目前期改变设计所花费的费用较低，越往后期费用就越高。从另一个角度来讲，如果项目前期工作做得不好，使项目存在的、潜在的错误一直到了施工阶段进行了一半才被发现，就会造成项目返工重来、工期延误、浪费和交付成本增加等。

所以，在项目的前期就及早应用 BIM 技术，使项目相关各方能够早一点在一起参与项目的前期策划，及早发现各种问题并做好协调，以保证项目的设计、施工和交付能顺利进行，减少各种不必要的浪费和延误。

这个阶段一开始就可应用 BIM 技术进行现状建模，根据现有的资料创建出场地现状模型，包括道路、建筑物、河流、绿化以及高程的变化起伏。然后建立起概念设计方案的一个初步的 BIM 模型。

然后借助相关的软件对方案进行气候分析、环境影响评估，包括日照环境影响、风环境影响、热环境影响、声环境影响等的评估。

投资估算是在项目前期的策划阶段的一项重要工作。由于 BIM 技术强大的信息统计功能，即可以直接计算方案的估价，同时还可以快速对比不同方案造价的优劣，有利于设计人员能够及时看到并控制由于设计方案的变化对成本的影响，避免预算超支。

二、BIM 在项目设计阶段的应用

在项目设计阶段，BIM 技术为设计方案的论证和确定带来了很多的便利。BIM 的三维模型所展示的设计效果为可视化分析提供了便利，十分方便评审人员、业主和用户对方案进行评估和发现问题，例如，应用 BIM 技术可以检查建筑物暖通、给水排水等各种管道布置与梁柱位置有没有冲突和碰撞，人行空间的高度、宽度是否足够，等等，发现一个问题就解决一个，把错误消灭在设计阶段。可视化分析也便于设计人员和施工方讨论如何施工的问题，使设计决策的时间大大缩短。

在深化设计时，由于 BIM 模型中的构件实现了数据关联、智能互动，同时平、立、剖等二维图纸都可以根据 BIM 模型生成，因此在任何视图上对设计做出的修改，就等同对模型的修改，都马上在 BIM 模型和其他视图上关联的地方反映出来。这就从根本上避免了不同视图之间的不一致，也为深化设计带来了方便，同时也大大缩短施工图完成时间（图 6-1）。建筑师有更多的时间进行建筑设计构思和相关分析，设计质量会得到明显的提高。

由于 BIM 模型所包含的详细信息，可以用于建筑性能分析（节能分析、采光分析、日照分析、通风分析等），为建造绿色建筑提供了便利。

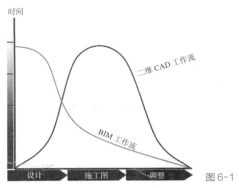

图6-1

用 BIM 技术搞设计，使施工图设计
的时间大为缩短，让建筑师有更多
的时间进行设计构思

　　BIM 技术还可以使同一设计团队中不同专业的、甚至是身处异
地的设计人员都能够通过网络在同一个 BIM 模型上展开协同设计，
共同完成设计工作。协同设计可以使项目的信息和文档从创建时起，
就放置到共享平台上，被设计团队所有成员查看和利用，方便设计
流程上下游专业间了解整个项目的设计进展和共享资料（图 6-2）。

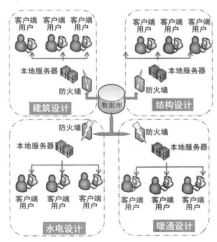

图6-2

协同设计

应用 BIM 技术进行工程量统计能很快得到准确的结果，提高工作效率好多倍。当设计师在 BIM 模型中变更设计时，统计结果会被实时更新，大大方便了设计方案的对比与确定。

三、BIM 在项目施工阶段的应用

在项目的施工阶段中，BIM 技术可以有多个方面的应用：三维协调 / 管线综合、支持深化设计、场地使用规划、施工系统设计、施工进度模拟、施工组织模拟、数字化建造、施工质量与进度监控、物料跟踪等。

这些应用，主要有赖于应用 BIM 技术建立起的三维模型，模型提供的可视化的手段为碰撞检测和三维协调提供了良好的条件。

其次，施工企业可以在 BIM 模型上对施工计划和施工方案进行分析模拟，充分利用空间和资源，消除各种冲突和其他问题，特别是对施工难点进行分析模拟，得到最优施工计划和方案，减少错误和浪费，有效控制成本。特别是在复杂的施工区域应用三维的 BIM 模型，直接向施工人员进行技术交底和作业指导，使效果更加直观、方便。

通过 BIM 技术与三维激光扫描（图 6-3）、录像、照相、全球定位系统、移动通信、射频识别、互联网等技术的集成，可以实现对施工现场的构件、设备、施工进度和质量的实时跟踪，实现了对施工的科学管理。

以前在施工阶段或者运营维护阶段对设备和定制构件的管理都感到比较麻烦，有了 BIM 以后就可以用物料跟踪办法解决。其做法是通过识别二维码或 RFID（Radio Frequency Identification，无线射频识别）芯片来解决，当二维码读写器（图 6-4）或 RFID

芯片读写器（图 6-5）扫描到这些标识时，在无线网络环境下，就能将标识所代表的代码和 BIM 数据库储存的相关属性信息联系起来，方便管理者迅速提取信息，展开管理工作。这其实是 BIM 技术和物联网技术的结合。

图 6-3

三维激光扫描仪

图 6-4

用二维码读写器扫描贴在设备上的二维码后就可以在 BIM 数据库中读取该设备的资料

图 6-5

用 RFID 读写器发出的频率信号获取设置在建筑构件内的 RFID 芯片的信息就可以在 BIM 数据库中获取该构件的资料

通过 BIM 技术和管理信息系统集成，还可以在施工过程中有效支持采购、库存、财务等精确管理，减少库存开支。

四、BIM 在运营维护阶段的应用

建筑项目最后一个阶段是运营维护阶段，BIM 在这阶段可以有如下的应用：竣工模型交付；维护计划；建筑系统分析；资产管理；空间管理与分析；防灾计划与灾害应急模拟。

工程竣工后，原来的 BIM 模型这时已经发展成为竣工模型了。这个竣工模型是反映建筑物真实状况的 BIM 模型，里面包含有设计文档、施工过程记录、材料使用情况、设备的调试记录及状态等与运营维护相关的文档和资料。

运营维护管理方可以对竣工模型进行充实、完善，建立起以 BIM 模型为基础的运营维护管理系统，合理制定运营、管理、维护计划，尽可能减少运营过程中的突发事件。

基于 BIM 技术的管理系统可以帮助管理人员分析建筑物空间现状，合理规划空间的安排，处理各种空间变更的请求以及安排各种应用的需求。

利用这个管理系统可以建立维护工作的历史记录，跟踪建筑物和设备的运营状态，自动根据维护记录和保养计划提示到期需保养的设施和设备，实现过程化管理。此外，BIM 模型的信息还可以与停车场管理系统、智能监控系统、安全防护系统等系统进行连接，实现各个系统之间的互联、互通和信息共享，有效地进行更好的运营维护管理。基于 BIM 模型丰富的信息，可以应用灾害分析模拟软件模拟建筑物可能遭遇的各种灾害发生与发展过程，分析灾害发生的原因，分析制定防止灾害发生的措施以及各种人员疏散、救援支持的应急预案（图 6-6）。

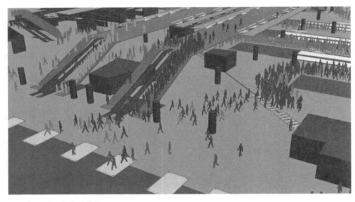

图 6-6

人群避灾疏散模拟

　　基于 BIM 模型的管理系统与物联网结合起来可以较好地解决环境和资产的实时监控、实时查询和实时定位问题。

　　以上介绍了 BIM 技术在纵向上可以跨越建筑工程整个生命周期，其实在横向上也可以覆盖建筑工程不同的专业、工种。在建筑工程不同的阶段中，不同岗位的人员可以应用 BIM 技术来开展工作。应用 BIM 技术后，许多建设项目都不同程度地出现了建设质量和劳动生产率提高、返工和浪费现象减少、建设成本得到节省，从而建设企业的经济效益得到改善等令人振奋的景象。

眼花缭乱的应用实例

　　（1）总高度为 632m 的上海中心大厦全面应用 BIM 技术

　　于 2016 年 3 月竣工的上海中心大厦项目位于上海浦东陆家嘴地区，大厦总高度为 632m，由地上 121 层主楼、5 层裙楼和 5 层地下室组成，其主体建筑结构高度为 580m，总建筑面积 57.6 万 m^2（图 6-7）。大厦于 2008 年 11 月 29 日主楼桩基开工，2013 年 8 月 3 日完成 580m 主体结构封顶，目前已经全面建成并投入使用。

图 6-7

上海中心大厦建成后陆家嘴地区的天际线

　　上海中心大厦的规模很大，相当于 2 个金茂大厦或者 1.5 个环球金融中心的体量，总的钢材使用量约 10 万 t。它是世界上第一次在软土地基上建造重达 85 万 t 的单体建筑，是世界上第一次在超高层大厦建造 14 万 m^2 的柔性幕墙，大厦使用目前世界最快的垂直电梯（速度达到 18m/s），也将是世界上最高的绿色建筑。另外，从地理位置看，施工条件相对苛刻，上海中心大厦身处陆家嘴中心成熟商务地区，周围高楼林立，限制繁多，施工难度很大，稍有处理不当就会造成施工成本增加。对于任何建设者来说，这些都是极大的挑战。

　　基于以上的条件，建设团队将面临如下几方面高难度的挑战：

　　①上海中心大厦的建筑系统分支非常复杂。仅就主要系统而言，就包括 8 大建筑功能综合体，7 种结构体系，30 余个机电子系统，30 余个智能化子系统。这些系统既相互联系，又有一定的独立性；既相辅相成，又常常出现各种矛盾。对项目团队的统筹协调、有效管理提出了很高的要求（图 6-8）。

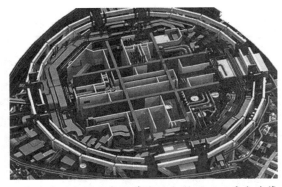

图6-8

从上海中心大厦设备层管线综合模型可以看出其管
线纵横交错，十分复杂

② 项目参建单位众多。前期设计团队就已经包括建筑、结构、
机电、消防、幕墙等 30 余个咨询单位；在施工总承包单位管理下，
参与施工的包括幕墙、机电、室内装饰等十几支施工分包队伍；
还有数量众多的建筑材料和机电设备的供货商。

③ 海量信息有效传递的难度大。万余张施工深化图等资料堆
积如山，还有合同、订单、施工计划、现场采集的数据等，这些
数据的保存、分类、更新和管理工作难度巨大。怎么从如此多的
资料中及时找到所需要的内容也是一个具体挑战。

面对如此复杂的条件，成本控制难度也很大，因此该项目从
一开始就决定在项目的全过程均采用 BIM 技术，并确定应用 Revit
软件。为此，组建了项目的 BIM 团队，建成了应用 BIM 的数据平
台，制定了 BIM 的实施标准，按照 BIM 项目的工作流程进行管理。

设计方负责建立设计阶段 BIM 模型，在该模型上进行相应的
模拟分析比较，以求得到更好的设计方案，并以三维可视化、漫游
等方式展示给建设方来查看设计方案。BIM 技术带来的高精确度的
运算能力和高灵活度的参数化设计，帮助设计方实现了上海中心大

厦旋转上升外形的创新性设计（图 6-9）。应用 BIM 技术还可以快速计算钢筋量。到了施工图设计阶段就建立起钢结构、幕墙、电梯等各专业 BIM 子模型，从而提高施工图的设计质量与工作效率。

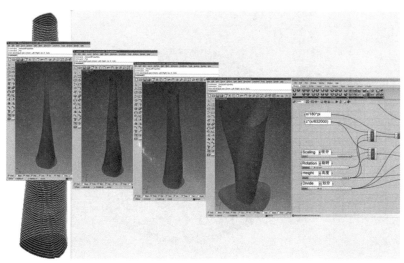

图 6-9

上海中心幕墙的参数化设计

　　施工总包方负责进行施工阶段的 BIM 应用实施和管理，包括对各分包商的 BIM 子模型进行专业间三维协调，对整个施工进度计划以及复杂节点进行施工模拟等。

　　现在以通过施工模拟避免塔吊之间的冲突来说明 BIM 技术在施工中的应用。

　　工地四周布置有 4 台大型塔吊，每台塔吊的位置都处在其他 3 台的工作半径内，为避免相互干扰需要事先制订一个运行规则。以前需要开动塔吊并逐一调整至临界状态，然后记录下来，成为规则，这个过程需要多次调整，十分费时。现在则通过在 BIM 模型中建立起塔吊模型来模拟现场实际状况，调整模型参数设置可以把每台塔吊模型都调整到临界状况来观察实际效果。这样能在很短时间内就把所有不利状态一一呈现出来，十分直观地看到塔吊相互影响的情况，通过调整，完善了施工方案，并提高了塔吊的工作效率（图 6-10）。

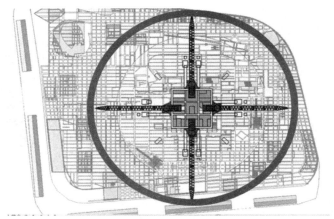

图 6-10

塔吊的施工模拟提高了塔吊的工作效率

　　项目团队应用 BIM 技术制定了紧凑、合理的施工进度计划，并一直监督整体项目的进展，控制着工程按计划进度进行，使得上海中心在施工进度上只用 73 个月就完成了 57.6 万 m^2 的楼面的建设，对比类似项目工期快了 30%。

　　由于在三维可视化环境下进行工作，机电专业利用 BIM 技术进行了深化设计和预拼装，提高了机电深化设计和加工、安装的质量和效率。采用构件精细化预制和施工方案的效益非常显著：减少 60% 现场制作工作量；减少 90% 的焊接、胶粘等危险与有害有毒作业；实现 70% 管道制作的预制率。

　　同样，由于幕墙的形状复杂，幕墙单元板的形状和尺寸五花

图 6-11

五花八门的上海中心幕墙单元板

八门（图 6-11）。利用 BIM 技术，较好地完成了幕墙的深化设计，并在计算机上对幕墙单元板进行了预拼装，大幅度地提高了幕墙深化设计水平和加工效率，保证了幕墙的质量。

从图 6-8 可以看出大厦内部的空间非常复杂，多个专业的管线纵横交错，彼此存在很多碰撞问题（图 6-12）和其他问题。通过合并各专业子模型发现了硬碰撞和软碰撞。所谓硬碰撞就是子模型与子模型之间有冲突，造成无法施工；软碰撞就是子模型与子模型之间没有硬碰撞，但是子模型与子模型之间位置小，施工人员无操作空间。对这两种碰撞进行及时改正，更正模型，消除隐患，避免了返工。

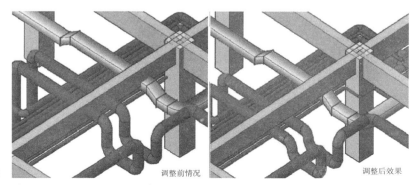

图 6-12

调整前情况　　　　　　　　调整后效果

管道和结构梁的碰撞问题在调整前后的对比

　　项目团队应用 BIM 技术提前发现并解决了复杂空间中存在的错、漏、碰、缺等"问题点"超过 10 万个，改正这些"问题点"的返工费用如果按照每个点平均花费 1000 元左右来计算，光是这一项，保守估计可节约的费用超过 1 亿元。再加上 BIM 技术在其他方面的贡献，应用 BIM 技术带来的经济效益是十分可观的。

　　项目在实施的过程中，还积极探索施工监理过程中 BIM 技术的应用，取得了良好的效果。在机电各专业施工完成后，将其影像资料导入 BIM 模型中进行比对，同时对比较结果进行分析并提交"差异情况分析报告"，为监理单位的下一步整改处置意见提供依据，确保施工质量达到深化设计的既定效果。

　　到了运营阶段，利用 BIM 模型的数据建立起数据集成管理平台，支持物业管理、设备管理与维修、应急疏散（图 6-13）等工作的需要，对应用 BIM 技术来运营进行了积极的探索。

　　上海中心大厦项目的 BIM 应用是我国首个在特大型建筑工程中全面应用 BIM 技术的项目，其 BIM 技术的应用非常成功。通过一模多用，节省了很多人力和时间，其精确的 BIM 模型，在提升工程质量、保证工期、控制成本等方面发挥了巨大的作用。应用 BIM 技术，可以更好地积累信息，发挥信息的力量，最终提高

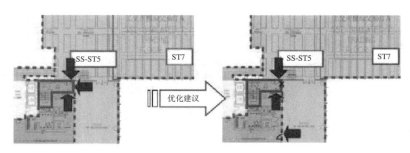

图 6-13

人员疏散逃生路线的选择与优化

了核心竞争力。

（2）500m 直径的球面射电天文望远镜

位于贵州省平塘县，被誉为"天眼"的 500m 口径球面射电望 远 镜（Five-hundred-meter Aperture Spherical Radio Telescope，简称 FAST），已在 2016 年 9 月建成并投入使用（图 6-14）。该工程选址在贵州南部的一个喀斯特洼地，地形条件稳定而独特。它是当前世界上同类望远镜中最大的、灵敏度最高的。要建造这么大的射电天文望远镜，实在是太不容易了。

首先，该工程覆盖面极大。其 500m 直径的球面天线，约为 30 个标准足球场那么大；其结构为拉索结构，由 6670 根主索和 2225 根下拉索构成，仅索盘就重达 216t；其反射面由 4600 个安装在索网上的反射面单元构成。

其次，该项目设计工作量大，设计难度高。设计时将整个望远镜按照平面划分为 5 个相同的区域，每个区域各含 445 个不同的主索连接节点，仅节点深化设计就需要有 445 种。由于其球面

图 6-14

位于贵州省平塘县的 500m 口径球面射电天文望远镜

形反射面由 4600 个反射面单元构成，每个反射单元的几何形状相似但大小不一，因此，每个单元的角点坐标计算都需要单独进行，可以想象设计和计算的工作量有多大。

第三，项目施工难度大，对加工精度和安装精度的要求极高。445 种节点所对应的每种节点板中都有数十个尺寸，全部的加工都需达到 1mm 的精度。对于定长索必须确定误差为 ±10mm。采用高精度全站仪反复测量拉索边界构件，必须将误差控制在 1mm 之内。

第四，项目建设的参与方遍布全国各地，信息交换量大。而项目监测点极多，监测构件极其复杂，因而造成项目协同工作数据量大，专业间和前后工序间的数据交换量大。因而要求实现数据快速、准确地交换、传输非常重要。

鉴于此，项目从一开始就采用了 BIM 技术，项目从勘察选址、设计到施工全过程都采用 BIM 技术。BIM 技术使专业之间以及前后工序之间的数据交换顺畅，不同专业之间的协同工作得以顺利进行。

在设计阶段，项目团队选用 Bentley 公司的 ABD 软件，并应用 BIM 技术对 FAST 几千个节点进行优化分析，光优化分析这一项其优化结果就为业主节省了分析费用数百万元，基于 BIM 的精确建模技术，确保了设计的高完成度，并结合 ProSteel 软件和 BIM 参数化技术实现了索网节点的优化及深化设计。

按照开挖方量最少、最大限度节约建设成本、有效避免地质灾害对 FAST 损害的原则，项目团队应用 BIM 技术开始了寻找天眼"瞳孔"，也就是 FAST 中心点的工作。通过模拟不同的中心点来评价工程的整体稳定性及安全度，终于用最短的时间确定下了 FAST 中心点。光是这一项，就节约了 50% 的开挖系统投资，节约的经费接近 1 亿元。

为了解决协同工作数据量很大、信息交换量很大的难题，项目全程采用 BIM 技术，基于 ProjectWise 管理平台来解决问题，使项目信息能在各专业之间和上下游之间顺畅传递。

建设团队还应用 BIM 技术进行了施工过程模拟（图 6-15），让施工方提前了解到在施工过程中应注意哪些问题，有助于施工过程控制以及安全控制。

图 6-15

施工过程模拟的截图

项目团队还用 BIM 模型建立起运维阶段的管理系统，通过计算机、鼠标就可以管理庞大复杂的 FAST 系统。

鉴于项目团队在建设 FAST 过程中的出色表现，他们在 2014 年全球"Be 创新特别贡献奖"评奖中，荣获了"推进基础设施领域创新特别荣誉奖"和"结构工程领域创新奖"。

（3）加拿大嘉士伯（Jasper）国家公园内新建酒店的选址策划

加拿大埃德蒙顿市的嘉士伯国家公园在 2005 年要设计一家新的酒店，该酒店共 3 层，建筑面积 18000ft² （图 6-16）。由于新酒店靠近联合国教科文组织认定的世界文化遗产的所在地，酒店

图6-16

建于加拿大的嘉士伯国家公园的酒店

业主也对保护环境作出承诺，并确定了按照北美的 LEED 绿色建筑评估体系的黄金级标准来设计。为此，设计人员从项目一开始就采用了刚问世不久的 BIM 技术进行选址策划和建筑设计。

北美的 LEED（Leadership in Energy and Environmental Design）绿色建筑评估体系是美国绿色建筑委员会（Green Building Council，简称 GBC）制定的，从以下 5 个方面评价建筑对环境和用户造成的负面影响：①选择可持续发展的建筑场地；②对水源保护和对水的有效利用；③高效用能、可再生能源的利用及保护环境；④就地取材、资源的循环利用；⑤良好的室内环境质量。按照总得分，绿色建筑将分为认证级、白银级、黄金级和铂金级4 个级别。

为了在环绕旅店基地的落基山的山谷中给这幢建筑准确地定位，设计人员应用 Revit 软件根据现有的地形图为基地四周的山地创建了地形模型，并利用这个模型进行了全年的日照分析，以求出在什么位置上可以利用山体地形实现遮阳，确定酒店建筑的最佳朝向，并可在夏天下午实现最大限度地遮阴，同时还合理确定屋檐尺寸尽量减少对太阳热能的吸收。

设计人员还研究了多种不同的设计方案并将方案的 BIM 模型数据和加拿大能源效能模拟软件结合在一起进行能耗分析，分析表明其设计的节能水平比传统建筑提高了 50%。

建成后，该酒店获得了北美的 LEED 绿色建筑评级标准的黄金级证书。

（4）美国达拉斯市的维多利项目的成本估算

这个项目位于美国德克萨斯州达拉斯市中心维多利地区，项目是一座 6 层高、占地 1.6 公顷、建筑面积 135000ft^2 的办公及零售两用的大楼。在项目前期策划阶段，业主认可了概念设计后设计团队就马上着手用 BIM 技术建立数字化的概念成本模型。

项目使用的核心软件是基于 BIM 技术的 DProfiler 软件，该软件突出的优点是集成了 RSMeans 数据库的成本数据，而 RSMeans 是国际上著名的建筑在线数据库，里面收录了大量最新的建筑材料、设备、劳动力的价格，并随时根据新情况进行更新。因此使用 DProfiler 进行估算与传统的人工估算方法相比，生成估算结果的时间可减少 92%，类似的项目的误差在 1% 以内。当设计团队在模型中更换构件、修改设计时，成本估算会实时更新（图 6-17）。

如果需要的话，还可以输入诸如租赁面积等不同的设计参数，直接影响到业主的财务预算，这样做的好处在于可以获得实时的反馈，包括建筑成本估算、运营的收入及支出等。业主通常将这些信息视为资产信息，这种快速根据实际的建筑参数而获得的对设计选项进行估算的能力是非常有价值的。

业主对于在项目前期策划概念设计阶段，就可以应用 BIM 技术对成本进行比较精确的估算十分满意，认为可以带来如下的好处：

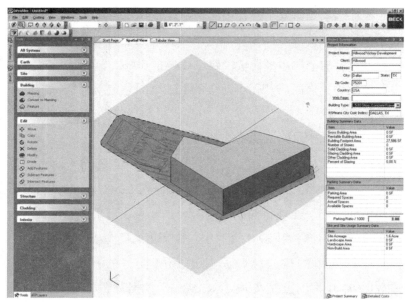

图 6-17

DProfiler 显示项目各种信息的截图，包括一个实时的建模设计成本估算值

① 减少成本估算时间；

② 实时性的成本估算准确，而实时性的估算结果有利于分析设计变更带来的财务影响；

③ 估算结果以三维图形的方式可视化展示，可减少人工估算失误而造成的潜在错误。

（5）国家游泳中心的结构设计

国家游泳中心是为迎接 2008 年北京奥运会而兴建的比赛场馆，又名"水立方"。建筑面积约 5 万 m^2，设有 1.7 万个坐席，工程造价约 1 亿美元。

国家游泳中心设计的灵感来自于肥皂泡泡以及有机细胞天然图案的形成，设计方案体现出"水立方"的设计理念，融建筑设计与结构设计于一体。

　　如何将美好的建筑灵感变为现实，结构设计是个关键。设计人员设想采用的建筑结构是三维的维伦第尔式空间梁架（Vierendeel space frame）。根据国家游泳中心的设计，这个空间梁架每边长度都是 175m，高 35m，空间梁架的基本单位是一个由 12 个五边形和 2 个六边形所组成的几何细胞，设计的表达以及结构计算都非常复杂。设计人员借助于 BIM 技术，使他们的设计灵感得以实现。他们应用 Bentley Structural 和 MicroStation TriForma 这两款软件制作了一个三维的细胞阵列，然后根据国家游泳中心的设计形成造型，细胞阵列的切削表面形成这个混合式结构的凸缘，而结构内部则形成网状，在三维空间中一直重复，没有留下任何闲置空间（图 6-18）。

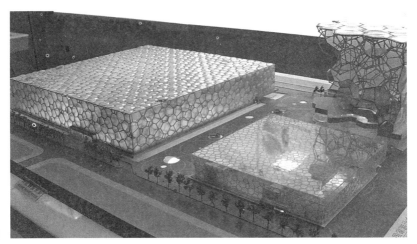

图 6-18

国家游泳中心模型和在结构上使用的维伦第尔式空间梁架模型（右上方）

　　如果采用传统的 CAD 技术，"水立方"的结构施工图是无法画出来的。"水立方"整个图纸中所引用到的所有钢结构的图形都来自于所用的基于 BIM 技术的软件、用切片方式切出来的。

由于设计人员应用 BIM 技术在比较短的时间内完成包含如此复杂的几何图形的设计以及相关的文档，因此赢得了 2005 年 AIA(American Institute of Architect,美国建筑师学会)颁发的"BIM 大奖"。

（6）美国纽约市林肯演艺中心爱丽丝杜利音乐厅的改造工程

美国纽约市林肯演艺中心的爱丽丝杜利音乐厅在 2009 年的室内改造工程中应用了 BIM 技术（图 6-19），取得了令人满意的效果。

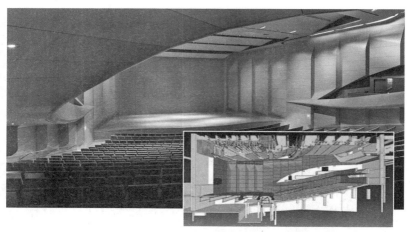

图6-19

美国纽约市林肯演艺中心的爱丽丝杜利音乐厅（右下图为室内改造示意图）

该项目要求在现有空间的墙体系统中采用新型材料，在音乐厅内部采用了半透明的、弯曲的木饰面板的墙板系统，并对施工误差和工期作了严格的规定。为保证质量和工期，设计师应用 Digital Project 软件建立了室内的 BIM 模型，包括木墙板、承重钢结构、剧场缆索提升装置、暖通水电系统等各个方面，并考虑了各构件、各系统的相互影响，使工程得以顺利进行。其中有以下几点，凸显了 BIM 技术的优越性：

①设计师通过 Digital Project 与建筑木业厂商、板材顾问进行协同工作，又快又好地共同完成了内部面板设计，随后建筑木业厂商直接按设计要求进行面板的制造、交付安装。

②设计师通过 Digital Project 将各分包商的三维模型整合在一起，建立起项目的 BIM 模型，并提供了预生成该项目的三维视图，完成了诸如管道系统布局等复杂系统的设计，分析和解决了管道系统的碰撞冲突问题，避免了因为碰撞冲突引起的修改设计、返工等问题。

③设计师利用建立起的 BIM 模型，分析了设计中各个部分的衔接问题，确保所制造的面板能精确地安装，保障了施工的顺利进行。

（7）将旧楼改造为获得 LEED 金牌证书的美国波特兰市万怡酒店

坐落在美国俄勒冈州波特兰市的多伦多国家大厦（Toronto National Building）始建于 1982 年，后来被空置了近 20 年都没有使用。到 2009 年，它终于被改造成一家现代化的酒店，即由万豪集团管理的万怡（Courtyard）酒店（图 6-20）。主要的改造工程包括对原有的 13 层楼的大厦加建 3 层，对整个外墙进行了更换，添加了新的系统以符合酒店的需求，并根据新的结构负载标准和现行的建筑法规对现有的结构进行

图 6-20

美国波特兰市的万怡酒店

了升级改造。

选择修复空置的建筑物而不是拆毁重建，这个决定的动机是希望尽量减少资源的浪费。但也给建筑设计带来了一系列挑战。

设计工作主要包括两个阶段。首先，对现有的房屋结构进行三维扫描，在此基础上建立起建筑物准确的 BIM 模型，这是结构评估、能源分析、承包商分包商之间的协调等一系列信息的主要来源；接着，这一共同信息源在设计过程中与来自不同专业的 BIM 子模型之间不断进行交互，直至设计完成。

由于原有建筑的质量极差，通过扫描，发现了原有建筑物楼板及柱网的一些偏移问题以及楼板边缘的一些不规则情况，又发现现有结构中的先天不足，如果更换建筑物外墙则不能超越现有的结构载荷。扫描为下一步的设计提供了准确的基础数据。

设计团队在扫描数据的基础上，用 Revit 建立起了 BIM 模型。并在这个模型的上面，进行了新增加的 3 层以及更换外墙的设计。在上述 BIM 模型基础上不同用途的子模型也建立了起来，整个水暖电系统也定义在模型中，以方便分包商应用。BIM 模型的建立也为有关材料、能源和水消耗的成本估计和决策提供了主要的信息来源。

为了项目的协调，全部子模型集合都融入 Navisworks 软件中。不同子模型之间交互的过程是由 Navisworks 驱动的，有利于早期的冲突和碰撞检测。

通过碰撞检测，设计团队发现在舞厅的设备系统和现有的结构之间存在潜在的冲突问题，这些冲突留在施工阶段解决的话将要付出非常昂贵的代价。BIM 模型使设计团队能够更灵活地与参与项目中的设备系统、能源、低压电路、管道、暖通空调等多个领域的顾问共同工作。利用模型模拟施工过程使得对过程的复杂性可以有更深入的了解，对施工过程中的潜在冲突有更好的预测，有助于减少延误等问题。

本项目决定重用现有结构，以尽量减少对环境的影响以及施工过程中对资源的浪费，因此这决定就是一个显著的贡献，完全符合 LEED 评价体系的要求。

为解决节约能源的问题，设计团队以 BIM 模型为基础，应用 Trane Trace 软件开发能耗模型进行分析。能耗模型需要解决的问题包括：高性能隔热玻璃、建筑绝热材料、高效率照明、高效率暖通设备、高效率热水器、热回收系统等。在建立整个能耗分析的模型过程中，各分包商有机会通过 BIM 模型在一起查找并解决彼此不一致的地方，从而不用等到去施工现场才解决。与一个典型的建筑物相比，该节能设计实现了节能 30%（图 6-21）。

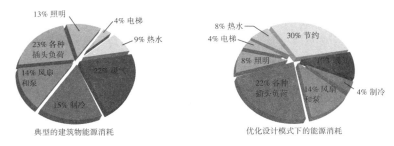

图 6-21

能源分析的结果

（a）标准的 / 典型的建筑能耗；（b）经过设计的建筑能耗（节能 30%）

该项目建成后，因为其高能效、低耗水量、低碳排放量、高品质的室内环境条件，以及对资源的高效利用，被美国绿色建筑委员会授予 LEED 绿色建筑评级体系的金牌证书。

（8）广州东塔项目应用协同工作平台提升项目管理水平

在 2009 年动工、2016 年建成投入使用的广州周大福金融中心（东塔）位于广州天河区珠江新城 CBD 中心地区，它和西塔分列在广州新中轴线的两侧，占地面积 2.6 万 m^2，建筑总面积 50.77 万 m^2，建筑总高度 530m^2，共 116 层（图 6-22）。

广州东塔

图6-22

如同其他大型项目一样，东塔在建设过程中，碰到很多管理难题，如：进度编制跟踪难、现场协调难；图纸统一管理与送审跟踪难；变更计量与收支对比工作量大；合同信息汇总、查询困难，缺乏时效预警；成本分析工作量大，无法做到事前预控。

东塔项目在设计阶段并没有应用 BIM 技术，施工团队积极引入 BIM 技术来进行施工，特别注重改进管理。通过应用 MagiCAD、广联达公司的 GBIMS 施工管理系统等 BIM 产品构建协同工作平台，较好地解决了算量和管理的问题，取得良好成效，实现技术创新和管理提升，该项目成为国内第一个成功应用 BIM+ 项目管理系统的项目。其成效包括：

技术提升与节约成本。充分应用 BIM 进行施工模拟，保障超高层复杂节点、大型设备的施工与安装顺利进行，缩短了工期；材料损耗低于行业基准值 30% ~ 35%，大幅度节约成本。

管理水平提升，有效地提高了沟通效率和工作效率。应用 BIM 后减少了 20% 沟通会议；变更图纸版本管理原来需要三四个人，现在只需一人；成本分析报告耗时缩短一半。

数据积累，开创了国内超高层施工应用 BIM 集成数据库的先河，形成切实可行的 BIM 实施方法，通过积累形成企业内部的大数据库，可以复制推广到其他项目。

（9）英国伦敦维多利亚（Victoria）地铁站的升级改造

英国伦敦维多利亚地铁站是伦敦主要的交通枢纽之一，非常繁忙，年客流量达到 8 千万人次。预计在 2020 年将达到 1 亿人次。为了应付日益增长的客流量，该车站需要进行升级改造，以满足客流增长的需要。升级改造工作包括在地铁站内增建一批供乘客上下的自动扶梯通道和无障碍通道、在北部新建一个售票厅、扩建南部售票厅等。

对维多利亚车站升级改造不是件容易的事，除了在该车站和周围的地下布满了房屋基础、地铁线、服务隧道、下水道、电缆、通信线路等各种管线外，扩建区域正处在潮湿而松散的沙砾沉积物堆积带上，可供施工的场地非常狭小，地质条件相当差。另外，该站区处于繁忙地段，施工期间要保持原有交通的畅通。

建造团队一开始就决定应用 BIM 技术来解决维多利亚地铁站的升级改造问题。该地铁站的 BIM 模型涵盖了整个项目，包含了 18 个各自独立设计的专业。为了使各个专业能够和项目紧密地结合在一起，建造团队基于 BIM 模型一直按如下方式展开工作流程：①一个独立的、统一的，用于数据创建、管理和共享的系统；②协调的信息模型；③客户端和联合项目供应链之间的协作。项目团队将 ProjectWise 作为他们首选的协同工作软件。

为了稳定施工区域这些潮湿、松散的砾石沉积物，项目团队决定使用高压喷射灌浆技术，使地层固结能够实现隧道施工，从而建造多条连接车站新旧部分的地下隧道。施工团队为此安装了 2500 个喷射灌浆柱，它们围绕着现有的设施并向不同的方向倾斜，灌浆后柱直径一般是 1.6m，设计时让相邻两个柱最少有 150mm

重叠。这项工作耗资 3700 万英镑。

　　喷射灌浆柱方位的设计通过 MicroStation 软件来完成。设计人员利用该软件将喷射灌浆柱、服务设施和公共设施位置的相关勘测数据录入 BIM 模型中，喷射灌浆柱的钻孔位置和方向都有一个唯一的标识在 BIM 模型中。该模型被用于执行"反向碰撞检测"，以确保相邻两个喷射灌浆柱最少有 150mm 重叠，使灌浆固化过的地层没有空隙。设计人员在模型中调整喷射灌浆柱方位，检查动态剖视图并创建直观的施工规划（图 6-23）。

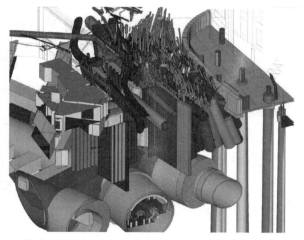

图 6-23

维多利亚地铁站地下条件相当复杂，管线密布，地层松软需要安装喷射灌浆柱

　　每个喷射灌浆柱的数据都储存在 BIM 模型中（图 6-24），施工时的几何数据首先从模型传输到钻机控制系统，再由该系统将竣工数据反馈给模型，这种方式可避免数据录入错误的发生。

　　在该车站的扩建中，由于使用集成的 BIM 模型检查结构、建筑和水暖电管线可能发生的碰撞冲突，从而避免了冲突的发生，

图 6-24

喷射灌浆柱的钻孔位置和方向都有一个唯一的标识
在 BIM 模型中

节省了时间和成本。车站的升级改造得以顺利完成。

（10）某铁路客站设施运营管理系统

BIM 技术以其丰富的三维建筑信息承载能力和可视化特性，成为支撑设施运营管理平台的理想技术。该铁路客站设施运营管理系统是在 Revit 系列软件建立起来的 BIM 模型上开发的，BIM 模型承载了车站的建筑、结构、空间、管线、设备等丰富信息，为设施运营管理系统的开发提供了很好的条件。

系统将竣工图纸按照园区、楼宇、楼层分级，按照系统分类并与 BIM 模型进行关联，实现对图纸资料合理有序的组织管理。用户只要在系统集成窗口进行条件筛选，即可查看到相关图纸。

为了满足绿色建筑的需要，合理控制能耗，做好建筑节能，该管理系统可以通过物联网接口，对车站内湿度、温度、二氧化碳浓度等指标实时采集，并在屏幕上通过三维模型的房间渐变颜色来直观展现指标的动态监控结果。例如室内温度超过 30℃时，系统会以红色表示，提醒要对空调温度进行调节，以保证旅客有舒适的候车环境（图 6-25）。

　　铁路客站中有些房间是出租给商户的。车站管理部门可以利用系统实现对房间的跟踪管理，管理内容包括房间号、面积、高度、承租单位、租金、租约开始日期、结束日期、过往的出租历史等信息等（图 6-26）。

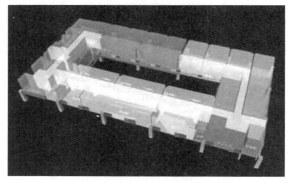

图 6-25

系统通过颜色变化动态地展示不同空间的室内气温

图 6-26

空间出租历史管理的界面

　　该设施运营管理系统还配置了不同类型的灾害处理预案模块，可以很好地应用到站务人员的培训中。例如对于火灾，可通过系统平台的场景演练，使站务人员对车站所有逃生路线都熟记于心，在需要时能及时引导旅客从车站内疏散到空旷场地上。在水管发生爆管时，系统能让站务人员快速找到阀门位置并及时关闭。

　　该系统解决了大型车站管理中遇到的诸多难题，在设施日常维修、空间管理、应急预案中都体现了 BIM 的重要应用价值，对于促进和提升车站设施运营管理水平做出了实质性的探索。该系统荣获了 2012 年全国"创新杯"BIM 设计大赛的"最佳 BIM 拓展应用奖"。

　　　　　*　　　　　　　　　*　　　　　　　　　*

　　BIM 应用还有许多精彩的案例，限于篇幅，未能一一向读者呈现。

　　BIM 的应用也在不断发展之中，地理信息系统、物联网、大数据、云计算等新技术与 BIM 的集成应用也在探索之中。相信在不远的将来，BIM 技术的应用将在中华大地遍地开花，推动着建筑业向更高水平发展。

扩展阅读文献

[1] 李建成，王广斌. BIM 应用·导论 [M]. 上海：同济大学出版社，2015.

[2] EASTMAN C, TEICHOLZ P, SACKS R, et al. BIM Handbook: A Guide to Building Information Modeling for Owners, Managers, Designers, Engineers, and Contractors [M]. Hoboken: John Wiley & Sons Inc., 2011.

[3] 丁士昭主编. 建设工程信息化导论 [M]. 北京：中国建筑工业出版社，2005.

[4] 何关培，王轶群，应宇垦. BIM 总论 [M]. 北京：中国建筑工业出版社，2011.

[5] 过俊. BIM 在国内建筑全生命周期的典型应用 [J]. 建筑技艺，2011（Z1）：95-99.

[6] 张建平. BIM 技术的研究与应用 [J]. 施工技术，2011（1）：15-18.

[7] 张建平，余芳强，李丁. 面向建筑全生命期的集成 BIM 建模技术研究 [J]. 土木建筑工程信息技术，2012，4（1）：6-14.

[8] 赵景峰. BIM 协同模式探索与信息高效利用 [J]. 中国建设信息，2013（4）：48-51.

[9] 吴葱. 在投影之外 [M]. 天津：天津大学出版社，2004.

图片来源^①

第一章

图 1-1：根据网络 https://chicago.curbed.com/2016/1/11/10848106/willis-tower-ctbuh-top-10 的插图翻译编辑而成

图 1-2：引自网络 http://m.sohu.com/n/443405323/#p.

图 1-3：引自网络 http://cd.a963.com/news/2012-06/40986.shtml.

图 1-4：李建成. 数字化建筑设计概论（第二版）[M]. 中国建筑工业出版社，2012.

图 1-5：引自网络 http://www.woqu.com/guide/m/view.php?aid=17001.

图 1-6：引自网络 http://www.shm.com.cn/special/node_38905.htm.

图 1-7 ~ 图 1-11：作者自绘或自摄

图 1-12：引自网络 http://www.aecbytes.com/viewpoint/2004/issue_4.html.

图 1-13：建筑信息化产业发展白皮书 [Z/OL].http://www.docin.com/p-2015523772.html.

第二章

图 2-1：引自网络 http://www.chencangke.com/spots/show_53.html.

图 2-2：作者自摄

图 2-3：引自网络 https://en.wikipedia.org/wiki/Barnenez#/media/File:Barnenez_front2.jpg.

图 2-4：引自网络 http://bbs.zghhzx.net/dzweb/forum.php?mod=viewthread&tid=70199.

---

① 本书图片来源已一一注明，虽经多方努力，仍难免有少量图片未能厘清出处，联系到原作者或拍摄人，在此一并致谢的同时，请及时与著者或出版社联系。

图 2-5：吴葱著 . 在投影之外 [M]. 天津大学出版社，2004.

图 2-6：根据 http://blog.sina.com.cn/s/blog_792f44b50102wue8.html 中的插图制作

图 2-7：石印宋李明仲营造法式 [M].1920（民国 9 年）：封面 .

图 2-8：李诚 . 营造法式 [M]. 卷二十九第十二页插图 .

图 2-9：李诚 . 营造法式 [M]. 卷三十一第二十一页插图 .

图 2-10： 引 自 网 络 https://en.wikipedia.org/wiki/Gaspard_Monge#/media/File:Gaspard_monge_litho_ delpech.jpg.

图 2-11：作者自绘

图 2-12： 引 自 网 络 https://nursingclio.org/wp-content/uploads/2014/10/eniac1946.jpg.

图 2-13：左图引自网络 http://members.iinet.net.au/ ~ dgreen/g15f.gif；右图引自网 络 https://www.solidsmack.com/3d-cad-technology/gravity-sketch-brings-3d-modeling- manipulation-vrar/.

图 2-14：引自网络 http://archive.computerhistory.org/resources/still-image/DEC/PDP-11/dec_pdp-11.woman_with_punchcards.10263069.lg.jpg.

图 2-15：赵红红 . 信息化建筑设计 [M]. 中国建筑工业出版社，2005；并与网络图片合成处理

图 2-16：学生作业

图 2-17：李建成 . 数字化建筑设计概论（第二版）[M]. 中国建筑工业出版社，2012.

图 2-18：引自网络 http://cs.brown.edu/courses/cs024/imagesComputer Graphics.html.

图 2-19：引自网络 https://b2b.hc360.com/viewPics/supplyself_pics/345914172.html.

图 2-20：引自网络 http://www.kanshangjie.com/article/61878-1.html.

图 2-21：引自网络

图 2-22：引自网络 http://blogs.reading.ac.uk/cave/tag/bim/.

图 2-23：引 自 网 络 http://www.elecfans.com/vr/398442.html?spm=0.0.0.0. EsyMq1.

图 2-24：引自网络 http://www.ccidnet.com/2014/0807/5566413.shtml.

图 2-25：引 自 网 络 https://www.igyaan.in/128208/augmented-reality-how-far-have-we-come/.

图 2-26：左图引自网络 http://www.frandroid.com/marques/google/216612_les-google-glass-desormais-disponibles-lachat-les-americains；右图引自网络 https://www.microsoft.com/en-us/hololens/hardware.

第三章

图 3-1：引自网络 http://mil.sohu.com/20081025/n260240579.shtml.

图 3-2：作者自绘（在 CATIA v6 的界面上截图）

图 3-3、图 3-4：引自网络

图 3-5：引自网络 http://promote.caixin.com/2015-06-29/100823539.html.

图 3-6：引自网络 http://sky.news.sina.com.cn/2013-05-31/122238937.html.

图 3-7：范玉青. 波音公司的无纸设计 / 制造技术 [J]. 计算机辅助设计与制造，1996（6）.

图 3-8：引 自 网 络 http://www.feaworks.org/about/xinwenzixun/2017-08-03-236.html.

图 3-9：引自网络 http://www.ammcomputer.com/wp/?cat=11.

图 3-10：作者自绘

第四章

图 4-1：作者自绘

图 4-2：广州地铁工程项目截图，由校友提供

图 4-3、图 4-4：作者自绘

图 4-5：引自网络 https://www.buildingsmart.org/standards/technical-vision/.

图 4-6：作者自绘

图 4-7：Adopting BIM for facilities management-Solutions for managing the Sydney Opera House[M]. Brisbane: Cooperative Research Centre for Construction Innovation, 2007.

图 4-8：引自网络 http://blog.sina.cn/dpool/blog/s/blog_a11f345d0102v6t3.html.

图 4-9：李建成. 数字化建筑设计概论（第二版）[M]. 中国建筑工业出版社，2012.

图 4-10、图 4-11：作者自绘

第五章

图 5-1：李建成 .BIM 研究的先驱——查尔斯·伊斯曼教授 [J]. 土木建筑工程信息技术，2014（4）.

图 5-2：引自网络 https://news.stanford.edu/news/2007/february21/teicholz-022107.html.

图 5-3：Eastman C, Teicholz P, Sacks R. BIM handbook：A guide to building information modeling for owners, managers, designers, engineers and contractors[M]. New York: John Wiley and Sons, Inc., 2008：封面 .

图 5-4：引自网络 https://www.graphisoft.co.jp/archicad/archicad/.

图 5-5：引自网络

图 5-6：引自网络 http://archcy.com/interview/designer/69a4f77387475537_p2.

图 5-7 ~图 5-9：作者自绘

图 5-10 引自网络 http://www.unclebim.com/news/5/1/58.html.

图 5-11 ~ 图 5-13：作者自绘

第六章

图 6-1：李建成. 数字化建筑设计概论（第二版）[M]. 中国建筑工业出版社，2012.

图 6-2：引自网络 http://www.cas.cn/ky/kyjz/201405/t20140528_4128239.shtml.

图 6-3：引自网络

图 6-4：李建成 .BIM 应用·导论 [M]. 同济大学出版社，2015.

图 6-5：作者自绘

图 6-6：引自网络

图 6-7：李建成 .BIM 应用·导论 [M]. 同济大学出版社，2015.

图 6-8：引自网络 http://bbs.zhulong.com/106010_group_3000048/detail19209605.

图 6-9、图 6-10：李建成 .BIM 应用·导论 [M]. 同济大学出版社，2015.

图 6-11：葛清 . 上海中心大厦运用 BIM 信息技术进行进益化管理的研究 [Z/OL]. https://wenku.baidu.com/view/c49d1752e53a580217fcfe51.html.

图 6-12：引自网络

图 6-13：葛清 . 上海中心大厦运用 BIM 信息技术进行进益化管理的研究 [Z/OL]. https://wenku.baidu.com/view/c49d1752e53a580217fcfe51.html.

图 6-14：引自网络 http://blog.sina.com.cn/s/blog_145544ee60102wk2n.html.

图 6-15：引自网络

图 6-16 ~ 图 6-18：李建成 .BIM 应用·导论 [M]. 同济大学出版社，2015.

图 6-19：李建成 .BIM 应用·导论 [M]. 同济大学出版社，2015；并与网络图片合成 (http://pdoinc.com/alice-tully-hall1/)

图 6-20：引自网络

图 6-21：李建成 .BIM 应用·导论 [M]. 同济大学出版社，2015.

图 6-22：引自网络 http://www.cbi360.net/hyjd/20170407/69056.html.

图 6-23：引自网络 http://www.ice.org.uk/topics/BIM/Case-studies/Victoria-station-upgrade.

图 6-24：引自网络 http://www.ice.org.uk/topics/BIM/Case-studies/Victoria-station-upgrade.

图 6-25、图 6-26：李华良 . 高铁客站 BIM 设施运营管理技术方案 [J]. 工程质量，2014（1）.

图书在版编目（CIP）数据

漫话BIM / 李建成著. — 北京：中国建筑工业出版社，2018.9
（建筑科普丛书）
ISBN 978-7-112-22371-8

Ⅰ.①漫⋯ Ⅱ.①李⋯ Ⅲ.①建筑设计 — 计算机辅助设计 — 应用软件 Ⅳ.① TU201.4

中国版本图书馆CIP数据核字（2018）第135374号

责任编辑：李 东 陈海娇
责任校对：芦欣甜

建筑科普丛书
中国建筑学会 主编
漫话BIM
李建成 著

*

中国建筑工业出版社出版、发行（北京海淀三里河路9号）
各地新华书店、建筑书店经销
北京点击世代文化传媒有限公司制版
大厂回族自治县正兴印务有限公司印刷

*

开本：880×1230毫米 1/32 印张：4⅜ 字数：101千字
2018年9月第一版 2018年9月第一次印刷
定价：23.00元
ISBN 978-7-112-22371-8
（32258）